明德书系

趣味文明史

有趣 & 有料

紧急呼救！

疯狂的飞行冒险史

Mayday! A History of Flight through its Martyrs, Oddballs and Daredevils

[英] 戴维·达林／著

David Darling

王双武／译

中国人民大学出版社

· 北京 ·

关于作者

戴维·达林（David Darling），英国著名科普作家、天文学家。著有畅销书《生命无处不在》《永恒等式》，与著名天体生物学家德克·斯库兹-马库奇合著有《火星探索最新报告：我们刚发现了新生命！》等。

关于译者

王双武，1994 年进入民航行业工作，获得英语语言文学学士学位和工商管理硕士学位、中国民航高级经济师职称。曾在国外有 10 年的航空职业生涯，在民航核心期刊和报纸发表过近百篇专业论文和行业分析文章，为《中国民航报》特约撰稿人。

关于本书

在一个没有飞行器的世界里，想要让飞行成为可能，就得具备一些特定的品格——你不得不充满幻想、有着具有可实践性的创造发明、拥有钢铁般的神经和意志，同时具备某种大智若愚的智慧。

在《紧急呼救！》这本书中，戴维·达林讲述了一些历史上非传统的飞行员的故事，他们冒着生命危险推动着飞行器的发展。这些人行为古怪、行事鲁莽，看起来疯狂，却又十分非凡。在他们精彩动人的故事背后，我们会看到在追求自由翱翔的过程中，那些稀奇古怪的飞行装置上所体现的巨大成就和令人赞叹的探索精神。

带着爱，

给将飞得更高的艾米丽和李维斯

目录

介 绍

你想过除了在背上绑一对很大的、像鸟的翅膀一样的东西之外，在没有任何其他帮助的情况下，就跳进稀薄的大气中吗？你想靠用木片和帆布扎成的一个不结实的风筝去尝试起飞吗？你想飞得更高、更快，或者是比以前那些看似用胶水和妄想拼凑出一些奇妙装置的任何一个人飞得更远吗？如果是的话，那么你就做好加入航空先驱俱乐部的准备了。这个俱乐部的成员是以生命和肢体为代价，去打破飞行界限而无惧死亡的一帮冒险家。

但是，你别指望自己能够活得长些。在早些年的时候，乘坐气球和飞机的那些人的存活率是不乐观的。本书中描述的许多人物，是以致命或者接近致命的坠机方式结束了生命，其中有个别人仅仅冒了一次险就玩完了。氢气球着火后从空中快速坠落到地面，还有早期的有翼飞艇发生翻滚，或者断裂成碎片，或者从空中平直坠落等等事件，已经远远超过了人们当时的飞行极限。其中被称为“滑翔机之王”的德国人奥托·李林塔尔（Otto Lilienthal），则比大多数人活得长些。在19世纪后期，他亲自建造和测试了许多属于自己的飞行器，他甚至在柏林附近人工堆建了一座小山来作为起飞的平台。在1891年至1896年期间，他和胞弟古斯塔夫（Gustav）大约飞行了2 000次，而每一次从斜坡上跳跃起飞时，他们都冒着死亡的风险。最后，奥托把自己的运气用完了。他驾驶的滑翔机发生了失速现象，他从超过 50 英尺[①]高的空中坠落了下来，结果脊椎被摔断了。第二天，奥托在留下一句“小小的牺牲总是在所难免的”的遗言之后就离世了。

在早期的一些飞行表演中，飞行员的死亡率高得令人感到恐惧，大概为 90%。他们面临的危险不仅仅在于他们彼此竞争并超越对手，要知道，甚至在他们当年驾机飞行时，设计师们还正在努力学习和理解最基础的航空动力学。阿奇·霍克斯赛（Arch Hoxsey）和拉尔夫·约翰斯通（Ralph Johnstone），就曾经在莱特兄弟于 1910 年春组建的飞行表演队中担纲主角。曾经他们在美国许多州的表演吸引了无数的观众，他们一度被一些新闻报纸捧为“蓝天双胞胎”。但是在 1910 年底，他们却双双殒命。约翰斯通在进行“螺旋滑翔”时，飞机的机翼发生了断裂，而霍克斯赛在试图创造一项新的飞行高度纪录时出了意外。为格伦·柯蒂斯（Glenn Curtiss）的竞争团队工作的查尔斯·汉密尔顿（Charles Hamilton），乘坐飞艇屡次尝试挑战死亡的空中跳伞。对他而言，没有什么做不到的特技。尽管汉密尔顿身上留下了永久的疤痕，并装了两根金属肋骨，将一些金属板条留在了脑壳里和胫骨上，但令人难以置信的是，他竟然从超过 60 次的跳伞中幸存了下来。

柯蒂斯团队中的另一名成员林肯·比琪（Lincoln Beachey），也是本书中所描述的英雄之一。他不仅以“蓝天骄子”的称号名噪一时，还是航空界最会赚大钱的人，他虽然不能完全获得观众的奉承，但是不管在哪儿表演，他都能成为吸引人群的空中摇滚明星。他是第一位驾机进行上下翻滚表演的人，也是第一位完成空中筋斗表演的美国人。

---

① 1 英尺约为 0.304 8 米。

他有一项“死亡下降”的特技表演，就是驾驶飞机全速向地面俯冲下去，然后在最后的时刻才拉起机头。在 1913 年到 1914 年的一年中，超过 120 个城市的大约 1 700 万人观看了他那令人惊愕的特技表演。但是在 1915 年 3 月，厄运终于降临到了他的身上。他驾驶的一架新型单翼飞机在空中解体了，飞机的碎片散落在旧金山海湾的一片水域中。

在第一次世界大战刚刚开始的时候，活塞发动机驱动的双翼飞机被用来在敌人的领地上空执行侦察任务。几年以后，这些飞机的机动性变得更强了，于是它们就被用来进行令人毛骨悚然的空中搏杀。就这样，飞行王牌的时代来临了。正是在这段时间，“红色男爵”曼弗雷德·冯·里奇特霍芬（Manfred von Richthofen）和其他一些训练有素的战斗机飞行员，不管是朋友还是敌人，都成了家喻户晓的人物。

在第一次世界大战即将结束的时候，参与飞行的每一个人都非常明显地感受到了飞机带来的潜在商业价值。两次世界大战之间的这段时间，通常被认为是航空的黄金时代。这是一个巡回飞行表演者、机翼行走表演者以及每年打破飞行速度纪录的航空竞赛者的伟大年代。在几百英尺高的天空中，疯狂的技能展示已经扩展到在机翼上跳舞、目标射击以及打网球等。就是在这样的背景下，民用航空业开始显山露水。

随着时间的流逝，飞机不但飞得更远，而且飞得更快，尤其是在空中缠斗时更显示出它快速反应的机动能力。这个时候，飞行员们开始感受到越来越大的重力作用的影响。在 1920 年以前，飞行员们已经知道飞行中重力作用带来的危害。例如，飞机加速时，或者急速转弯时，都有可能导致血液从头部倒流并引发短暂的但又是潜在致命性的昏厥，这就是由重力作用诱发的意识丧失。在第二次世界大战之前和战争期间，随着喷气时代的来临，高速单翼飞机的发展使人们开始关注这种由重力作用诱发的意识丧失问题。为了对付这种作用力并找到方法去克服它，许多课题围绕着离心力来开展，并且还进行了各种各样的令人胃里翻江倒海的实验。

动力强劲的喷气式飞机让人类首先超越了音速，接着达到了 2 马赫和 3 马赫。试飞员们驾驶的能飞到太空边缘的飞机的机翼是专为超音速而建造的，但是这种机翼缺乏稳定性。在距离地表 10 英里[①]以上的高空，一些飞行员乘坐气球上升到接近没有空气的黑暗空间时，他们可以看到清晰的地球弧线。接着，他们就从狭窄的金属吊篮上跳了出去。他们急速地穿过零度以下的气温层，直到进入稠密的大气层后，他们才打开降落伞，然后缓速下降。

如今，也出现了一些新的航空英雄。比如，一些气球驾驶者和超轻型飞机的飞行员，用几天或者几周的时间完成了环球飞行；还有一些航天员，在穿越大气层时不但比其他任何人飞得更快，而且冲击得更远，以至于他们能围着地球轨道飞行，或者是降落在其他的陌生世界里。但是，在行为古怪的人群中还有那么一类人，他们把一套火箭喷气装置绑在自己的背部，在胳膊上没有捆绑翼翅之类的东西进行辅助的情况下就去飞行，这就像传说中的“鸟人”一样。

① 1 英里约为 1.609 千米。

第一章　最古怪的空中夫妻

“招募试飞员。应聘者应具备胆怯、羞涩和体质虚弱等特征，并且无任何飞行经验。”这会是你从未遇到过的，也是最不可能的招工广告。但是，对于梦想成为航空先驱的玛丽·马德琳-索菲·艾尔曼特（Marie Madeleine-Sophie Armant）来讲，这种机会似乎是那么渺茫。直到1804年，她成为让-皮埃尔·布兰切特（Jean-Pierre Blanchard）的第二任妻子之后，这种梦想却变成了现实。让-皮埃尔·布兰切特比她大25岁，是早期著名的气球驾驶者，也是一个在各方面都难以取悦的人物。

让-皮埃尔是当时一位伟大的航空先驱和特技表演者，但他同时也是一个自负和唯利是图的人，只要能为他自身的职业发展带来利益，他甚至能够在同事的背后搬弄是非。在年少的时候，他就厌倦了乡下的贫穷生活，于是离开伴他一直成长的父母，只身一人去巴黎打拼。在巴黎，他成了一名机修工和业余发明者。那时，他虽然还只是个小男孩，却发明了一种有射击装置的捕鼠器，一个能抽出塞纳河水并喷射400英尺高的液压泵，以及早期像自行车那样的一种脚踏车。几年以后，他开始沉迷于飞行。布兰切特认为，既然鸟都能够飞翔，那么为什么人类就不行呢？于是，他就发明了一种能用脚踏板和手动杠杆操纵的，安装有四个像鸟的翅膀一样的东西的“飞行装置”。在一个螺旋桨的带动下，他的这个笨得像河马一样的家伙几乎就要离开地面。虽然这没能引起人们的关注，但是布兰切特并没有放弃飞翔的梦想。使他成为一名真正的和知名的气球驾驶者的机遇，不久之后就降临了。

1. 膨胀的利己主义

在 1783 年 11 月 21 日这天，让-弗朗索瓦·彼拉特尔·德罗齐埃（Jean-François Pilâtre de Rozier）和弗朗索瓦·劳伦·阿兰德侯爵（François Laurent d'Arlandes）乘坐由孟特格菲兄弟制造的热气球，进行了第一次引人注目的飞行，人类航空飞行的时代就此开启了。至少在一段时间内，法国成为世界热气球飞行之都，这使让-皮埃尔·布兰切特为自己找到了一个创造名声和财富的巨大商机。他那飘浮在空中的气球，使用的不是热空气而是氢气，这是一种最轻的而一旦着火也是最致命的气体。他在气球的吊篮上安装了一对像船桨一样的飞行翼，他希望这些东西至少能有助于他操控飞行。1784 年 3 月 2 日，在一名叫佩施（Pesch）的修道士的陪同下，这个 31 岁的法国人爬进了停锚在巴黎战神广场的那个奇形怪状的飞行装置里。佩施多多少少是那种叛逆的人，在自己的策划下刚从监狱中逃脱，如今他不顾禁止他参与这场“魔鬼般发明”的旅行的要求，也要成为一名气球驾驶者。但他与那和他私交甚密的同伴之间的争吵，无形中破坏了他们之间的信任。

一大群人聚集在一起来围观这次升空。但是，就在做最后准备的时候，一位在法国军队服役，穿着像军官模样的年轻人拼力挤到了人群的前面。他的名字叫杜邦·尚邦（Dupont de Chambon），是拿破仑·波拿巴（Napoleon Bonaparte）的一位密友，这些天来正在进行军事训练。他要求与布兰切特一道来完成这次早已被炒作得沸沸扬扬的短途飞行，他粗暴地要求登上这个气球。当布兰切特拒绝他的要求后，杜邦就用他的剑砍向系留绳和操作台。就在警察把他拖走之前，他还试图用手中的剑刺向布兰切特。事态平息下来以后，布兰切特已经明显地表露出推迟载客飞行行动的想法。最后，他决定还是由自己一个人去驾驶热气球飞行，这多少让佩施感到有些沮丧。因为他自身的麻烦事，佩施最终被流放到了他指定的一个最偏远的修道院。

图 1 费尔尚斯·马里恩《气球升空盛事》(1870 年)一书中描述的“布兰切特的气球”

气球升空后，一向乐观的布兰切特尽一切努力“划”向东北方向人口稠密的拉维莱特。但是，由于他仅仅掌握了一丁点儿的航空动力学原理，并且当时风又从航行的相反方向吹过来，因此这迫使他飞过塞纳河后径直向比扬库尔方向飘去。最后，他降落在了没有人群欢呼的色佛尔大街。那些目睹布兰切特夸下海口后却被逼无奈飞往完全相反方向的巴黎新闻媒体，就送了他一句“你应该飞到星星那儿去”的俏皮话来取笑他。

但是，布兰切特并不蠢。当时的法国正沉浸于对气球的狂热之中，在陶器、风扇和礼帽等物件上都能看到印有气球的图片，就连一些人的发型都梳扮成孟特格菲发明的热气球的模样。只要是女性，就穿着波涛翻卷般的裙子和灯笼袖的上衣那样与气球相映成趣的奇装异服。陆地上的每一位发明者和冒险家都想要飞到天空中去。这时候，布兰切特意识到，要想成名和获取财富，他就不得不在气球飞行上进行尝试，因为这个活动在当时几乎不存在竞争。于是，他在 1784 年 8 月动身去了英格兰。

幸运的是，在一次引人注目的公开宣传活动中，布兰切特获取了“世界上最伟大的气球驾驶者”的美誉，并获得了大量的赞助资金，其中就有一个叫约翰·杰弗里斯（John Jeffries）的赞助者。杰弗里斯是一位来自波士顿，后来居住在英格兰的内科医生，他答应资助布兰切特去实现第一次从空中飞越英吉利海峡的计划，但前提条件是他必须亲自参与这次飞行。布兰切特十分想得到这笔资金，可他又特别不想让杰弗里斯一起来分享这份荣耀。杰弗里斯一再坚持自己的要求，甚至在合同中增加了一项生效条款，那就是如果他的额外体重威胁到了此次飞行，那么他将不考虑自身安危而从半空中跳下去。

2. 气球上的两个男人

当这位赞助商把钱安全地存入银行账户之后，布兰切特则开始想尽一切办法去阻止杰弗里斯与其同行。在英格兰南部海岸多佛城堡的升空发射点，布兰切特故意在营地外设置了一道路障，还雇用了一些海员在人群中把杰弗里斯挤来挤去。这次喧闹事件之后，俩人表面上似乎达成了和解，但是这个狡猾的法国人还有最后一个计谋，或者说至少他还留了一手。1785 年 1 月 7 日这天，当把气球充满气并做好出发准备的时候，布兰切特却声称气球超重了，它不可能载着杰弗里斯一起升空。医生出身的杰弗里斯怀疑这里面有假，坚持要对这位刚树名望的空中英雄布兰切特进行搜查，最后发现在他的腰上竟然缠着一条铅带。在扔掉这块多余的金属之后，搭载两位磕磕绊绊的驾驶员的气球终于升空了。气球伴着微风向着东南方向飘去。

升空后不久，布兰切特和杰弗里斯就陷入了不可避免的争吵之中。毫不夸张地说，他们争吵得相当激烈，甚至把话题都扯到了代表他们各自出身的国家的功绩上。这俩人都是极度疯狂的爱国者，他们相互咒骂和侮辱，言语中都表达了在气球升空时，就应该让全世界的人看到自己国家的国旗在空中骄傲地飘扬，即使最后消失在大海中，也应该以自己国家的名义来结束这一切的观点。

飞出 8 英里后，在英吉利海峡的上空，这俩人突然发现他们开始提前下降了。匆忙之中，他们扔掉了一些压舱物，但是气球仍然在下降。这时，俩人就下面该接着扔什么东西再次爆发了争吵，难免又扯到了合同的一些条款。但是，眼看着冰冷的海水离他们越来越近，而俩人又都不会游泳，在慌乱之中，他们继续扔掉那些不必要的货物。当看见法国海岸线的时候，吊篮离海面仅有几英尺高了。为了保持高度，他们又将系留绳、驻留锚、座椅和科学仪器等统统扔进了大海。布兰切特甚至脱得只剩下内衣了，他将其他所有衣物都从空中扔了出去。在开始的时候，杰弗里斯一再推托，就是不脱掉衣裤，甚至说他宁愿面对这种水上坟墓，也不会像布兰切特那样衣不遮体。但是，当真的要面对刺骨的海水时，杰弗里斯赶紧脱得只剩下身上的一件长内裤。他甚至惊慌得像老鼠一样爬到了吊篮的绳索上，接着又提出了他那专业的观点，就是他们应当排出体内的废物，减掉更多可能的东西，这样才能缓和所面临的严峻形势。

图 2　早期孟特格菲兄弟发明的气球表演

在扔掉这些致命的重量后，确实起到了一些作用，甚至矫枉过正了。当气球接近法国海岸的时候，一股从下而上的热气流把几乎一丝不挂的俩人吹向了空中。由于没有着陆绳和驻留锚来紧紧抓住地面，他们不得不再次往高处飘去。他们在内陆飘浮了11英里后，最后来到了一个叫古英斯（Guînes）的小镇附近的一片森林上空。这个时候，杰弗里斯终于有机会抓住了一些掠过的树枝。当气球缓慢地飘浮在一片林中空地时，他们就释放出气球里的一些氢气，这次冒险终于以天遂人愿的方式结束了。当地的一些好心人给他俩送来了一些衣物，这两个勇敢的冒险者穿上衣服后就登上了一辆四轮马车，被人们送到了加来（Calais），在那儿他们受到了人们的热情欢呼和问候。尽管他们在空中扔掉的东西中有一个邮包，但是杰弗里斯还是想尽办法把其中的一封信塞进了他的内裤里。这是一封寄给本杰明·富兰克林（Benjamin Franklin）的孙子坦普尔·富兰克林（Temple Franklin）的家信。这封信以这种特殊的方式成为第一封被投递的航空邮件。

气球飞行纪录	
1783年	
9月19日	第一次载物——一只绵羊、一只鸭子和一只母鸡——气球飞行，是孟特格菲兄弟为国王路易十六表演的
11月21日	孟特格菲兄弟创造第一次人工操作热气球飞行的纪录
12月1日	雅克·查尔斯教授和罗伯特兄弟首次实现氢气球载人飞行
1785年	
1月7日	让-皮埃尔·布兰切特和约翰·杰弗里斯第一次乘坐气球飞越英吉利海峡
1793年	
1月9日	让-皮埃尔·布兰切特第一次在北美实现人工操作气球飞行

续前表

气球飞行纪录	
1852 年	
9 月 24 日	亨利·吉法德驾驶第一艘动力飞艇飞行
1931 年	
5 月 27 日	奥古斯特·皮卡德和保罗·柯博法成为第一批乘坐气球到达同温层的人
1933 年	
8 月 31 日	亚历山大·达尔在一个非密封舱的氢气球上第一次拍下有地球弧线的照片
1978 年	
8 月 16 日	三名组员驾驶的双鹰 2 号气球，第一次飞越大西洋
2002 年	
5 月 25 日	日本宇航探索局发射的无人驾驶的气球创造了约 53 千米（173 882 英尺）的高度纪录
2012 年	
10 月 14 日	菲利克斯·鲍姆加特纳人工操纵“红牛同温层气球”，创造了 38 960.5 米（127 823 英尺）的高度纪录

3. 起落人生

当布兰切特再次回到英格兰时，他就成了一位名人，他开始投身于气球表演和特技表演的商业活动中。那时，才刚刚出现空中跳伞运动。于是，布兰切特为了取悦他的观众们，就让一些小动物从气球上“舒缓”地跳下去。所谓“舒缓”，可能是就大多数情况而言的。这种特别的表演形式最终以一条狗和一只山羊摔向地面死亡而让人们失去了兴趣。但是，布兰切特并不因此而作罢，这位有独创思维和敢于挑战道德的法国人又开始销售高价门票，让人们来观赏一位小提琴手在跳伞过程中演奏乐器的节目。然而，这位音乐家从离地面不到 10 英尺的高度跳下来的时候，在空中仅仅做了一些夸张的拉弦动作，这让所有观众顿生不满。

眼看着时机开始成熟，布兰切特就动身去了欧洲大陆，他先后在比利时、德国、荷兰和波兰创造了第一次气球飞行的纪录。1788 年，他在瑞士巴塞尔的表演让观众惊呼不已。为了保持高度，他竟然把气球下面的吊篮砍掉了，在余下的飞行中，他把自己吊在了摇摇晃晃的绳索上。5 年以后，在北美的费城，布兰切特在许多观众面前第一次进行了轻于空气的人类飞行表演。在观众当中，就有美国的总统乔治・华盛顿（George Washington），以及后来继任总统的约翰・亚当斯（John Adams）、杰斐逊（Jefferson）、麦迪逊（Madison）和门罗（Monroe）等。

此时的布兰切特，早已抛弃了他的发妻维克托瓦尔・赖布伦（Victoire Lebrun）和他的四个孩子，而完全沉溺于自己的一些国际性的气球驾驶的壮举上。后来，维克托瓦尔在穷困之中死去。1804 年，布兰切特与年仅 26 岁的索菲・艾尔曼特结了婚。索菲是一个神经紧张的人，任何吵闹的声音都会让她受到惊吓，她甚至都不敢坐马车。然而，她似乎并不会受到恐高症的干扰，在天空中那种安静的飘浮对她来讲更似一种令人安慰的放松。不管情况怎样，她从一开始就一直陪伴在丈夫身边做各种短途飞行，这种陪伴也是从他们的第一次空中蜜月旅行开始的。

布兰切特就是一个让人作呕的地地道道的商人，他完全是为了自己的那点雄心和幻想的计划而活着，他甚至把自己年轻的妻子作为吸引更多粉丝和吸纳资金的一种手段。在当时，女性驾驶气球是一件很新奇的事，即使索菲不是第一位驾驶气球的女性，她也是第一位职业气球驾驶者和第一个独自驾驶气球飞行的人。1805 年 8 月 18 日，仅仅是她的第三次飞行，她就从图卢兹雅各宾教堂靠近回廊的一个花园里独自升空了。任何一次用心的准备必然会有预期的结果。

1808 年 2 月，布兰切特开始了他的第 60 次气球飞行。但在飞临海牙上空时，他的心脏病突然发作了。他在吊篮里晃来晃去，忽然从 50 英尺高的空中摔了下来。布兰切特摔成了重伤，一直未能治愈。仅仅一年以后，他就死了。

4. 索菲的独角戏

为了养活自己和偿还她那挥霍无度的丈夫留下的债务，索菲只能自己一个人从事这项气球表演了。索菲选择了氢气球作为表演的工具，因为尽管氢气球比热气球危险，但是它更容易操控。它无须像热气球那样通过燃火产生热气流来升空，索菲那纤弱的身体和一个篮筐加在一起还没有一把椅子大，这让具有飘浮力的氢气能够轻易地把尺寸稍大点的气球升到空中。

索菲很快就成为欧洲广受欢迎的人，不管她走到哪儿，总有一大群人出来围观她的表演。拿破仑授予了她“官方节日气球驾驶者”的称号，这就意味着，在法国的所有重大庆典仪式上，只能由她负责组织气球飞行表演。1810 年，为了庆祝拿破仑与奥地利的玛丽-露易丝（Marie-Louise）大婚，索菲驾驶气球飞临战神广场（在现在的埃菲尔铁塔附近）的上空。后来，为了庆祝他们的儿子出生，索菲再次飞到巴黎的上空，从空中抛撒这一喜讯的传单。一年以后，在这个孩子的正式受洗仪式上，索菲飞到了可以远眺塞纳河而位于法国首都西部那座富丽堂皇的圣克劳德城堡（Chateau de Saint-Cloud）的上空。她在高

图 3　1811 年，为了庆祝拿破仑的 42 岁生日，索菲・布兰切特站在经过装饰的气球吊篮上，在意大利米兰进行气球飞行表演

出地面几百英尺的气球上燃放焰火，这种娱乐观众的方式成为她的招牌表演。

索菲对晚上的飞行情有独钟。夜晚的天空，气流平稳，随着天慢慢地变暗，她就能将燃放焰火的技术发挥得淋漓尽致。但是，把地球上最容易爆炸的气体装进一个大袋子中，又在袋子旁边玩着焰火，这本身就是一种极其恐怖的冒险行为。在被允许从空中往下飘降落地之前，她就要点燃这些装在许多小篮子里的焰火的引信。

在烟雾中向上飞行仅仅是索菲所面临的危险之一。从地面上传来的阵阵欢叫声，使她不可能在短途的表演中度过一个安静的夜晚。她在超过 10 000 英尺的空中飞行时，要忍受着零度以下的气温，有时候还会在这个高度时产生一种对黑暗和寒冷的恐惧感。有一次，为了躲避气球下面的低空冰雹，她不得不在空中待了超过 14 个小时。还有一次，她降落时掉进了沼泽中，几乎被淹死。

但是，不管工作中面临着何种危险，她都一直享受着拿破仑时代的荣誉。不仅如此，她在路易十八（Louis XVIII）获得王权时依然得到了青睐。1814 年，她参加了路易十八国王的登基庆祝仪式，以当时很时尚的方式从新桥（Pont Neuf）升空。国王被她的表演深深吸引了，并给她的称号稍微作了修改，称之为“王权回归的官方气球驾驶者”。

后来，不可避免的事还是发生了，索菲最终用完了自己的运气。在 1819 年 7 月 6 日的晚上，也就是在她第 59 次飞行时发生了事故，这恰恰比她丈夫的职业飞行次数少了一次。那一天，一切都如常进行，但索菲莫名地感觉到身体不太舒服。过去，她被提醒过很多次，不要在气球旁边燃放焰火。可能是一直吹着的微风让她产生了某种担心，但无论怎样，她还是决定像往常一样去表演。她为这次表演做了精心的打扮，她穿了一件白色的长连衣裙，戴了一顶饰有鸵鸟羽毛的礼帽。

在蒂沃利花园里痴迷的观众的欢呼声中，她一边挥舞着一面白旗，一边向空中升去。但是从一开始，就证明了风向会带来问题，风吹着气球偏离了航向，气球向一棵大树飘去。为了快速爬升高度，索菲扔掉了压舱物，这就造成气球失去了稳定性。最后，她避开了地面上的障碍物，开始向高空飞去。接着，她点燃了一种燃烧时能发出强烈光芒的“孟加拉焰火”，“孟加拉焰火”照亮了气球，她那令人眼花缭乱的焰火表演开始了。意外发生了，焰火中的一颗火星碰到了氢气球，气球很快就燃烧起来。地面上的人群并没有意识到发生了事故，还以为这种壮观的景象正是表演的一部分，于是爆发出一阵阵热烈的掌声。与此同时，为了不从空中掉下来，索菲疯狂地扔掉更多的压舱物。这注定是徒劳的，气球迅速失去了飘浮力，而风也同时吹着气球越来越偏离航向。当看到气球飘落在普罗旺斯路的建筑物上，氢气完全燃烧干净，被烧焦的气球外壳掉落在一个很高的屋顶上时，人们这才感到了恐惧。即使这样，索菲还可能幸免于难。但是，突然刮起了一阵大风，大风缠住了已经瘪了的气囊，将索菲从小吊篮里掀翻了下去。索菲直接坠落到下面的街道上，就这样摔死了。

人群被震惊了。蒂沃利花园的园主立即决定捐出所有的门票钱，用于抚养布兰切特的孩子们。当发现索菲并没有子女后，他们就用这笔钱在索菲的墓地上建了一座纪念碑，上面刻着这样的墓志铭：为自己的艺术和勇敢而牺牲的人。

第二章　疯狂的比琪

莱特兄弟于 1903 年实现了人类历史上的第一次飞行。8 年之后，一位穿着利落的飞行员，在给他那架看上去很单薄的飞机加满油之后，便向围观的人群宣布，他将驾驶这架飞机在空中飞行，一直到耗尽所有的燃油。接下来，他就在天空中螺旋爬升，飞行时间 1 小时 45 分钟，直到最后飞机的发动机发出了噼啪声，接着发动机就熄火了。这时候，飞机看上去就像要自杀似的，向着地面俯冲下去，直到快接近地面时才被拉平。然后，他操控着飞机一直滑翔，直到最后安全着陆。飞机当时的压力表显示，他已经飞到了 11 578 英尺的高度，他创造了一项新的世界高度纪录。这就是林肯·比琪（Lincoln Beachey）的俯冲翻滚表演，他是那个年代极具天赋的飞行员之一，他是一个骄傲、聪明和完美的表演者。

比琪于 1887 年出生在旧金山，他在很小的时候就喜欢摆弄一些机器，在 13 岁时，他开了一家自己的自行车店。几年以后，他从一家教授摩托车和发动机维修的学校毕业了。之后不久，他加入了由气球驾驶者先驱和马戏团秋千表演艺术家托马斯·鲍德温（Thomas Baldwin）经营的特技表演队。在刚开始的时候，他仅仅是个技工，后来他通过努力很快就成为一名飞行员。1900 年，鲍德温开始涉足由小型发动机驱动并可驾驶的飞艇制造行业。比琪帮助鲍德温一起造了一艘可驾驶的飞艇，并命名为“加利福尼亚之箭”。“加利福尼亚之箭”是由格

图 4　林肯·比琪坐在他的飞机上进行操作（1913 年）

伦·寇蒂斯（Glenn Curtiss）所提供的摩托车发动机来输出动力的，格伦后来也成为美国航空器制造行业的一位重要人物。在 1905 年，尽管当时比琪只有 17 岁，但是他已经能够操控“加利福尼亚之箭”，并完成了他的第一次单飞。比琪被飞行深深地吸引了，他开始从事自己的飞艇驾驶工作。他用一种很新奇的方式为自己的飞艇做广告，而这种方式恐怕在今天也没有多少人能想得到。他先是驾驶飞艇绕着华盛顿纪念碑飞行，接着朝购物商厦降落下去，最后又冒失地着陆在白宫的草坪上。

飞机在未来将发挥更多的作用，这变得越来越明显了。为了抓住机遇，比琪就去了位于圣迭戈的寇蒂斯飞行学校开始学习飞行课程。他很快就掌握了世界上第一批量产寇蒂斯 Model D 双翼飞机的课程，接着他被选中进入了公司的飞行表演队。正如其他天才一样，比琪虽然很有天赋，但也很固执。在他成为所在团队的明星表演者和寇蒂斯公司的主要赚钱工具之前，他为了尝试极端危险的表演动作，有好几次都差点造成飞机坠毁。无论什么时候，只要是去飞行，他总把自己打扮得像是去参加盛大夜场活动一般。他身穿一件细纹布西服，将衬衣领子高高地竖起，脖子上系着一条精致的领带，头上还戴着一顶帽檐朝后的很时尚的高尔夫球帽。在他表演“死亡俯冲”的招牌特技动作时，人们都紧张得大口大口地喘着气。为了表演这个动作，他会先将飞机爬升到 4 500 英尺，然后伸展双臂，朝着地面全速俯冲下去。在最后的关头，他才将飞机拉起来，他用膝盖顶住操纵杆，挥舞着双手，向崇拜他的粉丝们示意。

从 1908 年到 1915 年，进入了早期航空历史的“表演时代”。这时候的倡导者们为了激发人们的热情，驾驶一种新型的、比空气重的飞机，上演了一出出令人叹为观止的特技飞行表演。这不仅仅是一个人们开始对飞机特技表演感到兴奋的年代，也是一个为将来飞机能够带来更多实际用途而怀抱希望的年代。在这个年代里，人们关注的焦点开始从飞艇转向飞机。在众多表演者中，有一位伟大的人，他就是拥有最高薪水和最多观众的林肯·比琪。

1. 极致的特技表演

1911 年 6 月 27 日，林肯·比琪在尼亚加拉大瀑布上空，冒着死亡的危险，第一次为自己赢得了国际名声。他从纽约的一个机场起飞后，飞到了大瀑布的上空。在这儿，估计有超过 15 万名观众正等待观看他的表演。他在大瀑布的上空做了几次盘旋之后，就朝着水雾弥漫的大峡谷俯冲了下去。在离湍急的河面仅仅还有 20 英尺的时候，他才拉起机头。就在观众惊魂未定之时，紧接着他又继续向峡谷俯冲下去，最后从蜜月桥（也叫观瀑桥）下的桥拱中间穿越而过。那年之后，他又驾驶飞机在一列快速行驶的火车上面飞行。当火车在飞机下面快速通过时，他用飞机的轮胎剐蹭了火车的车顶。

图 5　1911 年 6 月 27 日，林肯·比琪驾驶飞机从尼亚加拉大瀑布的桥下飞过

凭着自己的特技，比琪变得更加冒失和大胆。在这个高致命率的职业中，他想要不断地把自己和飞机都推向绝对的极限。1913 年，他成为第一个完全在室内驾驶飞机飞行的人。他从旧金山世界交易会展览场地上的一个机械展厅里起飞，在落地之前，他驾驶着飞机以每小时 60 英里的速度一直盘旋着，而这一切完全是在展厅里面进行的。

任何时候，只要比琪听说其他人开创了一种新的特技，他就会立即去学习和掌握这个特技，并且要创新出他自己的特殊技法。1913 年 9 月 21 日，一位来自法国曾为路易·布雷里奥（Louis Blériot）工作的试飞员阿道夫·佩格乌德（Adolphe Pégoud），表演了一种向内翻滚的飞行技巧。这种特技就是先驾驶飞机在水平方向上高速飞行，接着向后拉操纵杆，在垂直方向上做一个完整的旋转。佩格乌德以为他的这种翻筋斗的表演在世界上是首次，其实在 12 天之前，一位叫涅斯捷罗夫（Pyotr Nesterov）的俄罗斯战斗机飞行员，在基辅附近的一个军事机场就已经飞过这个科目。这俩人驾驶的飞机，是一种比琪从未接触过的、机动性更强和装备了更大推力发动机的单翼飞机。

这个美国人对于翻筋斗表演几近疯狂，他催促格伦·寇蒂斯尽可能为他造一架这种飞机。当寇蒂斯拒绝他之后，比琪愤怒地离开了飞行表演队。这可能在很大程度上伤害了他的自尊心，他在自己的随笔中戏剧性地写道："我从来没有自负到认为，人们是特意来看我在双翼飞机上表演的那些小把戏似的特技的。他们来看我的表演仅仅为了一件事……他们掏钱是来看我是怎么死的。他们打赌我可能会死，而我的生活中也不会一直运气很好，但是我靠它还是挣了一大笔钱。"由于有很多年轻的飞行员在模仿比琪的特技表演时丢了性命，于是在1913年3月7日，比琪宣布退出职业飞行。

2. 人生就如翻筋斗

然而事实证明，比琪的退出只是暂时的。几个月之后，寇蒂斯的态度也缓和了下来，他开始筹措资金来造一架能翻筋斗的、动力更强的飞机。1913年10月7日这天，比琪在纽约的哈蒙兹波特为他即将开始的特技表演做好了充分的准备。但是在飞行表演过程中却出现了严重的事故。飞机起飞以后，当比琪在机场上空做倾斜转弯时，一股下降气流或者可能是机械故障，造成飞机向着地面坠落下去。当时，两个海军军官和他们的女伴们正站在机库屋顶上面，希望能够在这个不错的视角来观看表演。就在这时，往下坠落的飞机把他们从屋顶扫到了地面。比琪的飞机在机场附近坠毁了，而他本人则从坠机中逃生了，身上仅仅受了一点轻伤。不幸的是，海军军官的一位女伴在从屋顶上掉下来后就摔死了。

事故发生后，比琪第二次退出了航空表演。但是，这又是一次临时的退出。有一家马戏团贴出了飞机上下翻滚表演的海报，这是比琪以前从未尝试过的特技，这又激发了他的想象力。他轻而易举地再次回到了驾驶舱，他不但掌握了这种翻滚特技，而且能够驾驶飞机而头对着地面完成水平倒飞。这一次，他选择了独立经营，不再依赖大公司在背后的支持。在经过上百次重复飞行并掌握空中翻筋斗的特技之后，他以他那惯用的戏剧性风格写道："那天，静默的灵魂和我握手了。已经有上千次了，我们一直在云端竞技。从高空径直下降而进入一种无法呼吸的飞行状态，在炫美的空间以可怕的速度快速俯冲和盘旋。……我想象着它一直跟随着我，在这种情形下我已经向它发出了挑战。……今天，这个老家伙跟我已经成为好伙伴。"

比琪面临的问题是他需要向观看他的表演的人们收费来维持生计。因此，他只在能够收入场费的表演场地来做他的飞行特技。但是，这种特技都是在很高的空中表演的，人们从远处很轻易地就能免费观看到他的表演，而事实上的确有很多人就是这样做的。由于收入的减少，这位不可一世的飞行员第三次退出了。但是毫不奇怪，这次退出也没能持续多久。

3. 为名誉而战

事情源于比琪与一位名叫巴尼·奥德菲尔德（Barney Oldfield）的著名赛车手签约在了同一家广告代理商。这家代理商想出了一个聪明的计划，那就是要让比琪和奥德菲尔德在众目睽睽之下进行比赛。这样一来，人们要想看比赛就只能掏腰包了。在那些吸引眼球的海报上

图 6　1912 年 6 月 28 日，林肯·比琪驾驶飞机与巴尼·奥德菲尔德赛跑

都印着“蓝天恶魔对阵地面超胆侠”。整个乡村赛道的周围都用很高的栅栏围着，以确保无人能够从外面偷窥。比琪和奥德菲尔德都将为“环宇锦标赛”而战。比琪将驾驶由他自己设计和建造的一架新型飞机（他把这架飞机命名为“筋斗小精灵”，并在上机翼的上面印上三英尺长的“筋斗小精灵”几个字母），来对阵奥德菲尔德那部著名的 100 马力①的红色菲亚特跑车。有超过 3 万名观众聚集在莱特兄弟的家乡即俄亥俄州的代顿来观看这一盛事。在发动机发出的“轰轰”的咆哮声中，这两部机器开足了油门，加速驶过观礼台，卷起遮云蔽日的滚滚灰尘。

① 1 马力约为 745.699 9 焦耳/秒。

人们开始变得兴奋和紧张起来。尽管比琪的飞机肯定更快，但是整个比赛是事先安排好的，这对表演明星很清楚每次应该由谁“赢”。当这俩人几乎是肩并肩地穿过终点线之后，比琪又加大油门呼啸着冲上天空，上演了一场惊心动魄的特技表演。他驾驶着飞机在空中不断地翻着筋斗，他是想打破由其他特技飞行员创造的纪录。最后，他在空中翻了 80 个筋斗，仅比那个创造纪录的人少做了一个。

在这场与奥德菲尔德的荒唐比赛之后，比琪于 1914 年 5 月至 12 月期间，在美国至少 126 座城市举行了个人表演。在那狂热的 7 个月中，总计有 1 700 万美国观众观看了“筋斗小精灵”的表演。不管比琪走到哪儿，当地的媒体都以“空中亚历山大”的美誉称呼他，并给予他超级明星的待遇。在 1914 年的夏天，比琪还实现了自己一个梦想，那就是在一代伟人托马斯·阿尔瓦·爱迪生面前进行飞行表演。

“我想给亨利·福特、托马斯·爱迪生和其他一些具有创造性的天才表演，”比琪说道，“不管我怎样驾驶这个筋斗小精灵，我相信，在他们梦想中这种事都不可能会实现。……我要去打开人们的眼界，让他们看到飞机实现这种梦想的可能性。我今年夏天的飞行计划，将有助于飞行科技向前迈进 10 年。”

的确，他给爱迪生留下了很深的印象。“我感到惊讶和新奇，”这位发明家说，“当我看到那位年轻人飞入天空并操作飞机翻筋斗，接着又进行上下翻飞的表演时，我几乎不敢相信自己的眼睛，而我的神经一直紧绷了好几分钟。”

在那个夏天，来观看这场奇特表演的还有另一位著名的工程师，他就是奥维尔·莱特（Orville Wright）。他早前一直怀疑比琪是否能够操纵飞机在空中翻筋斗或者是上下翻飞。“在很高的空中，这可能能够完成，”奥维尔·莱特说，“而在 3 000 英尺高，这就是眼睛的错觉和宣传者的肆意宣传。”他的一些批评言论可能来源于在格伦·寇蒂斯和莱特兄弟之间发生过的长达数年的争执。奥维尔认为，正是二人的争执导致威尔伯·莱特（Wilbur Wright）在1912年因压力过大而死亡。但是，当莱特看完这位特技表演者亲自完成最后一段令人难以想象的飞行节目后，他对比琪的怀疑就打消了。比琪操纵着飞机，一个紧接着一个地翻着筋斗，然后抬起机身向上飞去，直到飞机失速。这时，先是飞机尾翼向后坠落，接着马上翘了起来，而机头又朝下进入了失速状态。比琪一而再再而三地做着这个动作，在天空中来来回回地翻滚着，重复着这个像是要掉下来一般的动作。在整个过程中，他的双臂一直伸展着，只用膝盖和身体操纵飞机。莱特不敢相信自己的眼睛：“飞机在林肯·比琪的手中仿佛充满了诗意。……他的表演不但让我感到惊奇，而且迷惑住了我，他比我想象的还要出色。”

4. “入侵”华盛顿

比琪在美国花费了很多精力去宣传航空事业，而他更多的时间是去极力说服政府在战斗机上投入更多的资金。1914年，俄国军队已经有超过1 500架飞机可供调遣，法国和德国也分别有超过1 000架飞机，甚至连墨西哥也有400架飞机，然而美国仅仅装备了23架飞机。比琪在美国各地散发了上百万份宣传单，鼓励民众给他们自己选出的代表们施加压力，要求为空军增加军事投资。他也邀请了一些政府官员去观看飞行表演，给他们展示飞机在战斗中是如何有效作战的。但结果只有两名内阁成员现身出席了这场活动。最后，比琪决定将麻烦抓在自己的手中，他要以开玩笑的攻击方式来给白宫和国会敲边鼓。

有一种描述说，伍德罗·威尔逊（Woodrow Wilson）总统当时正在白宫椭圆形办公室里工作，这时他听到了一种噪声。起初，他以为是一只苍蝇发出的。当嗡嗡声变得越来越大的时候，他才意识到声音是来自外面的。他透过窗户往外望去，看见一架双翼飞机径直朝他飞来。就在最后关头，飞机抬起机头从白宫顶部飞了过去。后来，飞机继续不断地“攻击”白宫、商贸大厦和国会大厦。

比琪假装攻击华盛顿心脏地带的一些细节可能是杜撰的。但是毫无疑问，他“入侵”华盛顿这件事确实发生过，并且他用飞机在战争中可能成为致命武器的演示把那天搅得满城风雨。关于他这一古怪行为的新闻很快就被传开了，有很多人甚至包括国会的一些立法官员在内都临时休会，挤到大街上来看看到底发生了什么。模拟攻击的飞行结束后，比琪在家里写下了这张字条：“如果我有炸弹的话，你们可就全死了。你们毫无抵抗力，现在是增强空中战斗力的时候了。”

这次“攻击”演示产生了效果，国会很快投票通过了为加快建立新型空中力量投资的决定。比琪以这种戏剧性的提醒方式赢得了赞誉，政府在新成立的航空部门给他安排了一个高层的职位。但是，由于有其他的一些承诺，他拒绝了这个职位，而继续从事他的军事宣传表演。

1915 年，就在巴拿马-太平洋国际展览会前夕，比琪拥有了一个巨大的美国早期海军“俄勒冈号”战列舰的木头模型，他把这个模型停锚在旧金山湾 1 海里①之外的地方。美国海军也参与了这场特技表演，并同意让 100 名海员登上这艘装满炸药的模型战斗舰。当天，有近 8 万名观众聚集在海滩上，他们所有的人都没有意识到这艘军舰只是个模型而已。比琪驾驶着他那架崭新的、像鸟一样的单翼飞机从人群头顶飞过。当他投下一枚尾部冒着白烟，看上去像真的一般快速冲向目标的炸弹的时候，人们的眼睛里都充满了恐惧，紧紧地盯着眼前

① 1 海里约为 1.852 千米。

发生的一切。军舰被炸得粉碎，很多观众一时认为他们目睹了一场可怕的灾难，或者是一次大的谋杀行动。其实在这之前，所有的船员都已经隐蔽地登上一艘拖船离开了现场。

5. 悲壮的结局

过了几天，也就是在 1915 年 3 月 14 日这天，比琪驾驶着飞机又起飞了，这将是他人生中的最后一次飞行。展览会上人头攒动，有近 25 万名观众聚集在表演场和周围的小山头上。比琪开着他那架动力十足的新飞机横滚过天空，接着又在旧金山湾离水面约 2 000 英尺高的空中做着令人吃惊的翻滚动作。可能是他飞得比自己想象的要低，但不论什么原因，飞机正在掉高度。他试图通过 180 度翻转来稳定高度，就用劲地拉着操纵杆。由于机翼上的张力过大，最终机翼断裂，比琪随着机身一起坠入海湾并沉到了水里。经过 1 小时 45 分钟的辛勤打捞，美国海军的潜水员们把比琪从沉没的驾驶舱中拖了出来。尽管比琪已经没有任何生还的希望了，但他们还是一直坚持了几个小时试图救醒他。后来尸检报告证明，飞机机翼断裂时比琪还活着，直到坠入水里后才被淹死了。

比琪死亡的消息迅速传遍了全球，旧金山的电话系统因此被堵塞了近 24 个小时。市长自己出钱安排了比琪的后事，成千上万的人参加了这场葬礼，以此来表达他们对这位伟大的航空特技表演者的敬意。人们举行了一系列的纪念活动来怀念林肯·比琪这位不朽的人物。但是在今天，却有很多人并没有听说过比琪的事迹。最简单的原因就是，当时发生了一连串的其他事件，转移了公众对他生死的注意力。他恰好在第一次世界大战开始时遇难，许多纪念他的活动计划一再被推迟，以致在那些年里，他的事迹慢慢地从人们的记忆中消失了。后来，在欧洲战场上不但涌现了一批新的敢于冒险并建立功勋的英雄，还涌现了许多敢于打破纪录并创造奇迹的人物，如查尔斯·林德伯格（Charles Lindbergh）等。再后来，世界进入了经济大萧条时期。这些都让人们逐渐模糊和淡忘了比琪卓越的冒险事迹。

在他那个时代，比琪是优秀的，因为在他那个时代，在那样的环境中进行这样的表演是卓著的。在20世纪20年代举行过的巡回表演，以及在30年代举行过的航空竞赛和航展，在很多方面都有别于第一次世界大战前的表演和航展。那是一个充满实验性和风险性的航空表演的时代，然而这些都已经从人们的记忆中逐渐消失了。

第三章　黑色王牌飞行员

很少有像终日都在空中进行格斗那样的事情更能够刺激你的反应和发挥你的才智的事情了。即使要采取一些极端的机动动作来躲避敌机的扫射，或者采取攻击对手的动作来扭转战局等，你肯定也会不顾一切风险地去这样尝试，而不是以掉落在地面上的一大堆燃烧的残骸来结束战斗。

在第一次世界大战期间，飞机的速度变得越来越快，操作也更加灵活，于是在飞机上安装了武器以后，就开始出现了空中缠斗。与此同时，也出现了一批极其善于击落敌机的飞行员。

这些王牌飞行员虽然只占所有飞行员人数的二十分之一，但是在战斗中却击落了大多数的敌机。在这些最有成就的人当中，有一个来自加拿大的人，他叫雷蒙德·克里肖（Raymond Collishaw）。克里肖起先在皇家海军航空队服役，后来转到了皇家空军。

1. 临危受命

克里肖于1893年出生在加拿大西部不列颠哥伦比亚省的纳奈莫。他15岁时就在加拿大渔业保护服务船上工作，他当时的身份是船舱服务员。由于他努力地工作，因而其职位也不断地得到提升。在第一次世界大战刚开始的时候，他报名要求加入加拿大皇家海军。但他没有得到任何答复，于是他转而报名参加皇家海军航空队。后来，他被征募到了英格兰的雷德卡，在那儿接受了当时必须要通过的飞行训练。在 1916 年，飞机还没有得到广泛应用，而学习怎样飞行则是一个十分危险的活儿，也是一件很草率的事儿。

图 7　雷蒙德·克里肖穿着皇家空军的制服（1919 年）

克里肖驾驶的部分训练机型，是法国制造的高德隆 G. 3 飞机 (Caudron G. 3)。这种飞机比较简单，采用莱特兄弟申请发明专利的扭转机翼的操纵方法来控制飞机的横滚（沿着机头到机尾的轴线进行旋转）。这种机翼扭转的操纵方法，是一种利用杠杆和滑轮使两个后缘机翼按照相反的方向进行扭动的方法，就如纸飞机通过弯曲翼面后缘来调整飞行姿态一样。1915 年之后的大多数飞机，如双翼飞机和单翼飞机，则开始采用副翼代替机翼扭转来对飞机的倾斜转弯和横滚进行操控。

顾不上降落时发生的一些麻烦，在仅仅经过 8.5 个小时的飞行训练后，克里肖就放胆飞了。在第一次世界大战期间，对交战双方来讲，这都是司空见惯的事。飞行教员除了给这些愣头青飞行学员演示如何起飞、掉头和落地之外，就没有再教其他更多的内容。地面课程则包括如何安装、拨动机关枪和一些基础的地图识别。任何在战斗中对飞行员有用的东西都只能通过实战来学习，更多的是要通过实战来掌握不让敌机射穿你的机身这项技能。在当时的训练和实战中，折损了相当多的年轻战斗机飞行员，这是不足为奇的，这也是为什么那些幸存下来并熟练作战的飞行员能够取得卓越的战绩。

克里肖比大多数人都幸运。在几乎没有任何飞行经验的情况下，他被安排到了前线作战，他得到了在 1919 年与亚瑟·布朗（Arthur Brown）一起驾驶维克斯维米轰炸机第一次跨大西洋非经停飞行的约翰·阿尔科克（John Alcock）的指导。在阿尔科克这位专家的指导下，克里肖从同时代的人群中脱颖而出，很快就成为一名出色的飞行员。即使这样，他同样也会犯一些错误。有一次，为了帮一位朋友给他当地的女友捎一封信，克里肖未经许可而绕道飞行。结果飞机坠毁在一排畜棚里，克里肖浑身被一些废弃的材料和飞机的残骸覆盖着。不用说，他受人崇拜的程度大打折扣。

图 8 皇家空军索普威斯 $1^{1/2}$ 战斗机队

在训练期满合格后，他被安排去了海军航空兵三中队。海军航空兵三中队是一支刚刚开始试飞新的索普威斯 $1^{1/2}$ 战斗机（Sopwith $1^{1/2}$ Strutter）的部队。其试飞的这种战斗机，是法国吕克瑟伊莱班（Luxeuil-les-Bains）生产的，既可以用来作单人驾驶的轰炸机，也可以用来作双人驾驶的战斗侦察机。如果再安装上一些特殊的油箱，这种战斗机就可以用来实施在德国上空的远距离空袭。克里肖执行的第一次任务，就是采用双人驾驶方式为袭击奥伯恩多夫（Oberndorf）毛瑟兵工厂的轰炸机做侦察任务。有超过 80 架飞机（多数是 1916 年的飞机）参加了这次空袭行动。但不幸的是，一开始聚集出发的 11 架钮波特（Nieuport）侦察机，由于燃油耗尽出了一些状况而不得不折返，只能离开这支很容易受到德国战斗机攻击的机队。不出所料，一飞过莱茵河，这支联合空袭队伍就受到了一群信天翁（Albatros）DIIs 战斗机的攻击。空袭任务被迫中断，但是在那一天，克里肖的战绩是击落了生平第一架敌机，那可是德国后来的王牌飞行员路德维希·汉斯坦(Ludwig Hanstein)驾驶的飞机。克里肖的枪炮手把汉斯坦飞机的发动机打得像筛子一般，而克里肖一直紧咬着这个德国人，用机头前面的维克斯机枪不断向他开火。很快，在另一轮攻击中，克里肖的飞机被击中了。所幸的是，在那个时代里，这类体型小、机翼宽的飞机具有良好的滑翔功能。就这样，克里肖驾驶飞机，沿着法国东北部南锡附近的海岸线飘降了下去。最后飞机来了个重着陆，但是克里肖并没有受伤。

2. 遭遇福克机群

时间到了 1917 年 1 月，克里肖驾驶着他的索普威斯 $1^{1/2}$ 战斗机要转场到位于奥谢的新军事基地。这一次，在没有飞机后部机枪手保护的情况下，克里肖在前线上空迷失了方向，他受到敌人 6 架信天翁 DI-Is 战斗机的攻击。敌机射来的子弹噼里啪啦地打在他的仪表盘上，其中有一粒子弹飞到他的护目镜上，护目镜的碎片划伤了他的头部，鲜血流了下来。这个时候他才意识到自己被跟踪了。他本能地往下俯冲，希望这样能够甩掉敌机。一架德国飞机跟踪而至，结果摔向了地面；另一架配备高精度瞄准器机关枪的飞机，在他前面横向切进来，随后就逃之夭夭。这个时候，克里肖在没有仪表指引的情况下，不得不目视寻找回家的路，而伤口的血正在流入他的双眼。

他利用太阳的方向来导航，朝着他认为大概正确的方向飞去，最后在就近的一个机场跑道上轻松着陆。他看到一群人快速地向他跑来，他想这下终于得救了。但当他注意到机坪上停放着一些在西线用来攻击协约国飞行员的福克 E.1 单翼战斗机时，他要得救的希望立马破灭了，因为他降落在了德国的一个空军基地上。为了尽快逃离，他加速再次起飞，一些福克战斗机也起飞尾随而来。在跑道尽头，他努力拉杆爬升，飞机从树梢掠过，一些树枝被飞机挂断了。敌机的速度比他的快，不久就追上了他。这时，敌机密集的子弹向他打来，他想方设法地爬升到足够高的云层里来甩掉敌机。在飞进友军领域几海里之后，他终于找到了方位，最后在凡尔登附近的一个法国机场降落了。他在那里休养了几天，身体慢慢地得到康复，一个当地的医生也治好了他的眼伤。

法国人民被他的英雄事迹深深地打动了，授予他“英勇十字勋章”。而英国人也开始意识到他们拥有一个正在冉冉升起的空战之星。于是，他被送去加入了一个全攻击型战斗机中队。但是克里肖自己认为，这就好比把自己从煎炸的平锅中又扔进了炉火中。1917 年春季，作为阿拉斯战役的一部分，西线的协约国航空中队在进攻和被进攻中经历着煎熬。阿拉斯战役是由英国在法国北部阿拉斯城附近发起的针对德国防守而采取的攻击行动。为了支援这场战役，有好几个组的海军航空队飞行员被抽调了过去。但是他们当中的大多数人缺乏战斗经验，而他们面临的几乎是连续的空中缠斗，并且经常一天要参加好几次战斗，这对他们来讲已经超负荷了。克里肖不止一次发现，在战斗中最后就剩下他一个人在与敌人搏斗，而他的皇家海军航空队的同僚们，则因各种各样莫名其妙的机械原因掉头返回了基地。在一次糟糕的遭遇战中，他的护目镜再次被弹片击碎。不幸的是，这时他的机关枪卡住了，这使情况变得更加糟糕起来。在眼睛没有任何保护的情况下，他不得不冒着刺骨的寒流，用手摸索着让武器复位。接下来，他在医院里休养了一个月，才逐渐从冻伤中恢复过来。

图 9 索普威斯三翼战斗机

---

① 1 磅约为 0.454 千克。

3. 黑色飞行队

1917 年 4 月，克里肖回到了前线并被安排到海军航空兵第十支队，这时的第十支队刚刚接收了一批全新的索普威斯三翼战斗机。尽管这种飞机比敌人的信天翁 DIII 战机速度慢，但是它很灵活，拥有转弯半径小和爬升速度快的特点。它的敏捷性还表现在它仅仅装备了一挺机关枪上，不像信天翁那样装备了两挺，而当德国飞行员与其在空中遭遇时也是大吃了一惊。克里肖第一天驾驶这种三翼战斗机就击落了一架敌机，而在接下来的几周内，他又干掉了四架敌机。

接着，第十支队被派到比利时边界的珠格兰德，准备参加 6 月初将在那儿发起的梅森攻击战。皇家飞行队需要额外的战斗机来掩护这次侦察和轰炸任务，因此克里肖和第十支队的其他成员将面临被德国空军攻击的考验，而其中就有德国里希特霍芬男爵手下臭名昭著的“飞行中队”。为了便于在空中识别，海军航空兵第十支队的每架飞机发动机整流罩上都喷涂了不同的颜色。克里肖指挥的“B”小队，由来自加拿大的五名飞行员组成，其颜色是黑色。他们不仅把整流罩涂黑了，甚至还把整个飞机都涂成了黑色。在涂装过程中，每位飞行员都给自己的飞机取了绰号，并把它喷涂在飞机上。这些绰号有诸如“黑马王子”和“黑色死亡”等等，而克里肖给自己的命名是“黑色玛丽”。“B”小队以“黑色飞行队”而闻名，他们很快就成为德国空军的噩梦。

梅森战斗打响前的几个小时，对黑色飞行队来说是一段美好的时光。在攻击的飞行途中，他们遭遇了一大群信天翁和哈尔伯施塔特战斗机。克里肖击落了三架敌机，他的战友击落了七架敌机，而他们自己都毫发无损。接着两天以后，克里肖又从战斗中奇迹般地生还了。当时，他正在追逐一架信天翁，而他的飞机则被身后的一架敌机击中了。克里肖的三翼战斗机在连续翻了几个筋斗之后，就从16 000英尺的高空旋转着向着地面猛烈坠落下去。眼看飞机就要撞到地面，克里肖用尽所有力量拉起了机头，最后以机腹着地。地面上的一些英国士兵赶紧把他从残骸中拖了出来。尽管他感到头晕眼花，但好在他没有什么大碍。

一个月以后，他再次被击落。这一次，从一架德国战斗机上发射出的密集子弹，打断了连接发动机两半整流罩的缆索。顿时，半个整流罩飞脱了，并猛烈地撞击在机翼支柱上，导致飞机无法控制，开始不断翻滚。在超重力的作用下，克里肖的安全带被扯断了，他被抛出了驾驶舱。这时候，克里肖尽一切努力抓住了机翼支柱。他被甩来甩去，吊在那儿就像一个摇摆的布偶娃娃，而他也渐渐感到手上的劲越来越小。幸运的是，这时旋转的飞机在半途中又把他甩回了驾驶舱，他拼命地抓住操纵杆，然后使劲地往前推，好使自己挤进去。就在飞机离地面还有一棵树那么高的距离时，他拼尽全力终于挤进了驾驶舱，然后用力往后拉操纵杆。这一拉拯救了他的性命，三翼战斗机则撞击到地面报废了。由于克里肖在最后关头拉平了机身，因而他再次从摔机中毫发无损地走了出来。

4. 与“红色男爵”相遇

黑色飞行队已经击落了 50 架敌机。1917 年 6 月 27 日，他们与冯·里奇特霍芬（von Richthofen）的第十一战斗机中队遭遇了。在这次战斗中，黑色飞行队的一名成员格里·纳什（Gerry Nash）发现自己一个人在与两架有别于其他战机的德国战机在格斗。这两架德国战机中，有一架是由卡尔·奥曼罗德（Karl Allmenroder）驾驶的，他是一个冷酷而富有经验的王牌飞行员，在他名下已经有击落超过 30 架飞机的纪录；另一架飞机则是由“红色男爵”曼弗雷德·冯·里奇特霍芬驾驶的。纳什拼命地想摆脱敌人的追杀，但最后奥曼罗德飞机上的机关枪射出的子弹还是打中了纳什驾驶的索普威斯飞行仪表盘。纳什努力驾驶着飞机着陆了，但是他降落在了敌人的后防线上，纳什被俘虏了。

黑色飞行队的其他四名成员以为纳什已经牺牲了，他们发誓要为纳什报仇。当天稍晚的时候，他们再次闯进了位于科特赖克附近的里奇特霍芬的飞行编队。这一次是克里肖与奥曼罗德的亮绿色信天翁战斗机展开了较量。接下来发生了什么，谁也说不清楚。据说，克里肖有幸在远距离射中了奥曼罗德，但是这个加拿大小伙子却赌誓说，在当天的战斗记录中并没有那么回事。然而，奥曼罗德的确在 6 月 27 日被击毙了。他是怎样被击毙的？他是被谁击毙的？这些都成了谜。几天以后，监狱里的纳什听到了从教堂传来的钟声，他从守卫那里得知，这是在为德国王牌飞行员举行葬礼。

7 月 6 日，克里肖与冯·里奇特霍芬及其队员再次卷入了空战。这场空战几乎要了“红色男爵”的命。皇家空军驾驶推进式双翼机 FE2b 的一个小分队在参加战斗时，受到约 30 架信天翁战机的攻击，其中就有“红色男爵”和他飞行中队的其他 7 名队员。在这场混战中，克里肖击落了不少于 6 架敌人的侦察机，这也是他在一天中创造的个人最佳纪录。与此同时，一架 FE2b 战斗机上的一名机枪手射出的一粒子弹擦伤了冯·里奇特霍芬的脑壳。瞬间，德国这位王牌飞行员什么也看不清了，飞机迷失了航向。“红色男爵”的飞机开始螺旋式下降，他使尽全力去控制住飞机，最后飞机在一片荒野中重着陆。头部的伤口使冯·里奇特霍芬休息了一个月，他还需要通过后续的外科手术取出碎骨。一些医疗症状表明，他得了永久性的大脑损害后遗症。

克里肖在经历这场令人震撼的遭遇战后的第二天，再次回到了天空，这对那些富有经验的飞行员来说，是多么迫不及待。但是在那个月末，黑色飞行队就解散了。他们总计击落了 87 架德国战机，而他们仅仅折损了两名成员。克里肖被允许回到加拿大休养三个月，以便使自己的精神从战斗的压力中恢复过来。

5. 富有刺激性的结局

一回到欧洲，克里肖就被分配到正在驾驶索普威斯骆驼 F1 新型战斗机的海军第三航空中队。在他到达后不久，中队长就牺牲了，于是克里肖就被提升为队长。据大家说，克里肖在战斗中表现出了超凡的能力和灵感。他经常在新飞行员旁护驾，并且让他们先向敌机展开攻击。如果他们在攻击中失利了，他就会飞到敌人后面，给敌人致命一击。回到地面后，他会祝贺这些新手的第一次胜利。

克里肖的传奇，不管是在天上还是在地面，即使在战争结束后也没有结束。1919 年，他已经是皇家空军中队的成员了，他被安排去打通从巴格达到开罗的空中航路，以保障英国与当时被称作美索不达米亚的地区之间便捷的军事通道。飞行员们与两卡车的地面人员一起工作，在大概 20 海里范围内靠近水源和平地的地方寻找飞机可以降落的场地。飞机降落在一块绿洲之后，他们需要补给供水。但是这个水源地却在一个 80 英尺深的水井底部，没有人愿意下去取水。最后克里肖把自己绑在绳子的一端，手里提着一个水桶就下去了。在下到井底，眼睛适应了黑暗的时候，克里肖惊恐地发现，在他上面的井壁上趴着许多巨大的蝎子。他急忙把水桶盛满水，快速地从井底爬了出来。他们最后得到的就只有这一桶水。

第四章　与死神跳舞

如果回到20世纪20年代，你拥有一架飞机的话，除了满足飞行爱好和寻找刺激以及为生活而奔波之外，你还能做些什么呢？答案是你还可以做巡回表演。在第一次世界大战结束之后，市场上充斥着大量多余的廉价的飞机。美国军队想方设法要裁减掉大批曾经参加过战斗，而如今超过需求的寇蒂斯JN-4双翼战斗机，这就是众所周知的詹妮机。一架新出厂的詹妮机的成本在5 000美元以上，但有时候却能发现它的市场销售价格甚至低到了200美元。有相当多的飞行员在战斗中都能熟练地驾驶詹妮机，他们现在则热衷于抢购这类飞机作为他们自己的民用机。大量的这类低成本飞机，尽管其中一些设计已经走在了那个时代的前列，但是由于当时民用航空业尚未像人们希望的那样发展起来，一些飞机制造商面临着破产境况，因而造成飞机价格低廉。

在20世纪20年代初，有几百名优秀美国飞行员都想驾驶他们的飞机，愿意到任何地方去做任何可以挣钱的营生。有些人投递邮件，还有少数人运输非法货物，比如经墨西哥边境运输威士忌。但是在所有的飞行活动中，对那些想冒险的人来说，巡回表演是最流行和最赚钱的方式。这也是由于当时缺乏联邦航空管理规定，没有更多地考虑空中或者地面上的安全性，从而纵容了各种各样的疯狂特技表演。

机组人员：2名
机身长度：27英尺4英寸（8.33米）
翼展：43英尺7英寸（13.3米）
空机重量：1 390磅（630千克）
最高速度：75英里/时（121千米/时）
动力装置：寇蒂斯 OX-5 V8，90马力

图 10　寇蒂斯 JN－4 战斗机（詹妮机）

第一次世界大战之后，很多年轻的飞行员从欧洲返回美国，过着一种居无定所的生活。他们在美国境内从一个小镇飞到另一个小镇，不断运输着钞票、食物或者是汽油，他们经常在飞机的机翼下面露宿。他们不得不什么都学，包括自学机械工程等原理，因为如果飞机发生故障或者需要更换零配件，他们周围没有一个人懂得维修这些机器。

相对而言，飞机在当时仍算是稀罕物，尤其是在乡村地区。在那儿，有广阔的天空可以供飞行员们飞行。人们都聚集在一起来观看最新颖的、惊心动魄的特技表演，除此之外，也很少有其他的乐趣。毫不奇怪，最成功的巡回表演者就是那些上演最精彩节目的人，尤其是那些有优秀的推销员跟他们一起招揽观众的人。在那个巡回表演的时代，出现了一位明星，他就是奥莫尔·洛克利尔（Ormer Locklear）。

1. 生性狂野

洛克利尔出生于 1891 年，他是这个家庭里 10 个孩子中的一个。洛克利尔在得克萨斯州的沃斯堡度过了早期大部分时间，并从做木匠活的父亲那里学到了一些木匠基础知识。还在上学的时候，他就明显地表现出肾上腺素分泌过多的倾向，很不愿拘泥于这种平静的木工和建筑生活。他在自行车上疯狂地玩特技，证明了他对自身的安全毫无顾忌的一种态度。他骑车猛烈地跃上木板搭建的畜棚斜坡屋顶，然后又骑着车跳到下面的平台上（埃维尔·克尼维尔极限运动风格）。他对航空的热情开始于他第一次看见飞机的时候。

1911 年初，有一个以法国人为主的国际飞行表演队来到了达拉斯附近，他们要在这里举行一场航空飞行表演。后来在一群商人的说服之下，他们就来到了 30 英里以外的沃斯堡。在接下来的两天表演时间里，所有的商店都关了门，学校也宣布放假半天，有轨电车以低价载着人们前往表演现场。奥莫尔·洛克利尔和他的一些伙伴挤在15 000名来观看表演的密密麻麻的人中，他们被飞行员的精彩表演惊得目瞪口呆。还是在那一年，飞行先驱卡尔布瑞斯·罗杰斯（Calbraith Rodgers）在第一次跨洲飞行穿越北美洲时，为了维修阻塞的油管，把飞机降落在了沃斯堡。这回洛克利尔和他的兄弟们在哈蒂大街的桥上再一次看到了飞机。

尽管没有机会靠近这架飞机，但是他们已经被所看到的景象激发出了热情，洛克利尔家族的男孩们用竹制钓鱼竿和天然树脂浆洗的亚麻布做了一个翼长 15 英尺的滑翔机。他们把这个滑翔机绑在一辆轿车的后面，在轿车的拖曳下，滑翔机在空中飞到了 150 英尺高。他们几兄弟轮流来操控这个容易散架的手工作品，而他们能做的仅仅就是通过左右移动身体的重心来控制方向。为了寻求更大的刺激，洛克利尔又学会了驾驶印度制造的一种两缸摩托。他不时地抬起前轮往前飞奔，有时甚至在驾驶途中来个头手倒立，洛克利尔就这样骑着他的摩托在邻里之间冲来撞去。有一次，他快速地驶过沃斯堡市中心的一条繁忙街道，最后一头撞进一家酒吧的大门里头。

关于洛克利尔莽撞行为的新闻传开了。当时一位著名的魔术和脱身术表演家哈利·胡迪尼（Harry Houdini）来到了沃斯堡，他在当地的一家豪华剧院做连场节目表演时就已经听说了这些传闻。有一天，在洛克利尔打工的体育用品店里，胡迪尼跟这个年轻人进行了一次谈话。当胡迪尼看到这个外貌英俊、充满魅力又让人喜欢的小伙子时，就对这个土生土长的小伙子说，如果能加入他的团队，就一定会赢得更多观众的注意力。

这位传奇的脱身术表演家提出，让洛克利尔把他的四肢绑起来，然后洛克利尔骑着摩托车在前面拖着他来到了沃斯堡的主街道上。他们来到主街道的路面上时，街道两边站满了睁大眼睛的观众，胡迪尼将要表演解脱捆绑的绳索并成功逃脱的节目。在通常情况下，这位年轻人是不反对冒险的，但是这次他却并不怎么喜欢胡迪尼提出的这个主意。胡迪尼想尽办法要说服洛克利尔，他一再坚持说，他会格外小心，不会受到什么伤害。胡迪尼之所以选择这条主街道，是因为它是这个小镇唯一用石块铺设的街道。为了保护好自己的身体和大腿，胡迪尼会穿一件像被子一样厚的外套，而且头上也会戴个头盔。

洛克利尔最终还是同意了。第二天，一些志愿者把胡迪尼的双手反绑在背后，接着他就躺在了街面上。这时，洛克利尔骑上了他的摩托车，他打开油门，驾驶着摩托车，拖着一条捆绑在胡迪尼身上并在其膝盖处打结的绳子，呼啸着向前冲去。显而易见，这次特技表演是成功的，因为在接下来的日子里，这位魔术师按照自己的表演日程，继续在沃斯堡上演着吸引无数观众的节目。

2. 终于飞上天空

1917 年 4 月，美国加入第一次世界大战。同年 10 月 25 日，就在洛克利尔 26 岁生日前几天，他报名入伍参加了空军。为了庆祝参军，他打算骑着自己的自行车，在沃斯堡一座新建高楼的外墙顶部，进行一场环绕飞车表演。为了便于通过墙角，在表演的前一天，他还搭建了一些平台。他把他的意图告诉了新闻媒体，第二天，几百号当地人聚集在那儿观看他的表演。但是就在最后关头，他的计划被叫停了，因为有一家人道主义协会对此提起了投诉。

尽管很失望，但洛克利尔很快就忘记了这件事。在得克萨斯军事航空学校完成地面培训之后，他被提升为少尉，并被分配到沃斯堡附近的巴伦机场接受飞行训练。现在，他终于能够驾驶一架真实的、由汽油驱动的飞机了。他驾驶的是一架加拿大生产的寇蒂斯战斗机，这种战斗机拥有一台 90 马力的发动机，它最高时速能够达到 90 英里。从一开始，洛克利尔就表现出了他的才能。

对他来说，飞行就跟呼吸一样轻松。不久以后，在上千英尺的高空，他会偶尔离开座位，爬到机翼或者整流罩上，就跟以前一样从未有过惧怕。他第一次这样做是在一次测试期间。这次测试是飞机在 5 000英尺高度飞行时，要求被测试者能够辨认出地面上的 10 个单词。由于飞机的下翼总是挡住视线，在以往的测试中没有一个人取得过好分数。洛克利尔的解决办法就是让他的教官驾驶飞机平稳地飞行，而他自己则爬到机翼上，从机翼前面往下看。他正确地辨认出了所有的单词，但是后来其他人试图按照他的方法去做的时候，却遭到了训斥。

还有一次，当洛克利尔坐在詹妮战斗机的前座飞行时，一个散热器的盖子松动了，热水喷了他一脸。于是，他就爬出了座位，在机身上一点一点地挪动，最后挪到了发动机散热器盖子暴露的位置，他用手把盖子拧紧了。摇晃悬挂着的散热器盖子，松动的火花塞线路，不管在半空中发生了什么事，这位年轻的飞行员想都不想就解开安全带，爬到故障点去解决问题。

奥莫尔·洛克利尔可能不是第一个在机翼上“行走”的人，但他却是第一个经常在机翼上行走的人。后来，这成为他的一个赚钱的职业。有一天，他要向他的上级们证明，他们关于在没有绝对改变飞机空气动力的情况下，飞机大翼前缘不可能承受更多重量的想法是错误的。于是，在一名学员驾驶飞机的情况下，洛克利尔竟然从驾驶舱中爬了出来，并来到了詹妮飞机的下翼位置，然后他就努力站在了机翼前缘上。这次并没有发生任何不幸的事件，但从军事角度来看，则有了一个重大发现：这样机关枪就能够平稳地安装在大翼前缘，而不必仅仅安装在机身上了。

洛克利尔和他的两个兴趣相投的朋友——米尔顿·埃利奥特（Milton Elliot）和詹姆斯·弗鲁（James Frew）一逮到机会就做一些常规的空中特技表演。后来，这件事传到了巴伦基地的指挥官托马斯·特纳（Thomas Turner）上校的耳朵里，他就走出去看了这三个人的表演。特纳上校并没有训斥他们，相反他采取了一种聪明的做法。他邀请他们做一些官方的飞行表演，以此来炫耀詹妮战斗机的敏捷性和稳定性。正是他们的这种驾驶技能，让他们作为教官留在了巴伦基

图 11　奥莫尔·洛克利尔在机翼上行走（1919 年）

地，而不是被送往法国前线去参战。如果他们去参战还能够活下来的话，那他们真有可能会成为战争中顶尖的王牌飞行员。

毫不意外，他们的这项特技表演后来受到了正式的处罚，洛克利尔和他的伙伴们的幸运也用尽了。1918 年 11 月 8 日，洛克利尔完成了史上第一次在飞行中的两架飞机之间穿移的表演。他从弗鲁驾驶的飞机的起落架上往下跳到了由埃利奥特驾驶的飞机的机翼上。在几个月的时间里，他在不同的飞机之间进行着这种精彩的穿移表演，他甚至成了一名冒险家。

3. 机翼行走之王

在1919年5月离开空军之前，洛克利尔遇到了威廉·皮肯斯(William Pickens)。威廉·皮肯斯是一名很有经验的新闻代理商，他之前已经成功地宣传了林肯·比琪和其他一些杰出的年轻飞行员。洛克利尔、埃利奥特和另一位来自巴伦基地的特技飞行教官雪莉·肖特(Shirley Short)，与皮肯斯签订了一份在全国范围内进行特技表演的合同。仅仅在几个月的时间内，洛克利尔就在国内外赢得了“机翼行走之王”的美誉。

洛克利尔在服役期间出于一种严肃的目的而训练的这项技能，现在则以娱乐的方式呈现在公众面前。他跟埃利奥特和肖特一起，又开发了一些新的表演技能，其中就包括把人吊挂在下机翼的绳梯或者吊杆上，或者在上机翼上面表演徒手倒立等。在寇蒂斯詹妮机的机翼上完成行走表演这样的特技是理想的，尽管观众以前从未看到过，但他们经常以为这些都是特别增加的表演技能。

在洛克利尔所有的古怪的空中动作表演当中，没有一个比他的“死亡之舞”让人印象更加深刻或更具危险性，这是自那以后再也没有尝试过的、充满极大风险的动作。洛克利尔驾驶着一架飞机，正好与在他右边由埃利奥特驾驶的另一架飞机齐头并进，两架飞机飞得太近了，以至于机翼几乎就要碰撞在一起。在发出信号之后，这两位飞行员就将飞机锁定在控制位上，然后从各自的驾驶舱中爬出来，接着在机翼上行走并调换到对方的机翼上，最后钻进对方飞机的驾驶舱里。这种大胆而令人紧张的表演吸引了大量的人群，而皮肯斯也通过媒体对此进行了有效的宣传。很快，洛克利尔就从这种冒险行为中获得了财富，他每天有将近 3 000 美元的收入，这相当于今天的 5 万美元。他的境况与当时大多数巡回表演者生活拮据的境况完全不同。虽然洛克利尔已经成了空中的超级巨星，但是他还是不断地产生更多的奇怪的念头和异想天开的举动来激发公众的兴趣。

在洛克利尔成为全球瞩目的名人后不久，好莱坞开始对他产生了兴趣。有一次，他在洛杉矶的特技表演引起了电影制作方的关注。接下来，他又在当时著名的喜剧演员卓别林的弟弟西德尼·卓别林拥有的一座机场里举行了多次被广为宣传的表演。很快，皮肯斯在环球影视公司出品的电影《空中大劫案》（*The Great Air Robbery*，1919 年）中为洛克利尔安排了一个特技演员的角色。在 1919 年的拍摄中，洛克利尔第一次成功地在一架飞行中的飞机与飞机下面一辆快速行驶的汽车之间完成了位移。在后来的一场拍摄中，他在飞机与飞机之间完成了带有自己动作特征的跳跃。在这组拍摄前的另一场飞机与轿车之间的位移拍摄中，他掉进了下面正在行驶的一辆轿车中，并与一反派角色展开了搏斗。就在他抓住头顶上仅仅有几英尺高的飞机起落架并安全逃离的一瞬间，轿车发生了翻滚，并在强烈的碰撞中散发出一团浓烟。

4. 明星坠落

在洛克利尔到达好莱坞后不久，他就遇到了性格活泼的年轻女演员维奥拉·德纳（Viola Dana）。维奥拉从少女时代就开始拍影片，在她 23 岁时早已经是出演过几十部电影的明星了，并且是著名喜剧演员巴斯特·基顿（Buster Keaton）银幕外的座上宾。洛克利尔和维奥拉开始了一段广为人知的罗曼史，成为当时的名流夫妻之一。据当地报纸报道，尽管洛克利尔在得克萨斯已经有一个分居多年的妻子露比，但是他还是与维奥拉订了婚。维奥拉在米特罗影片公司（后来成为米高梅电影公司的一部分）工作，让她兴奋的是，她那飞行的空中情人经常驾驶詹妮飞机飞过米特罗拍摄场地。有时候，洛克利尔认为维奥拉此时可能正在那儿拍着电影，于是就驾机从摄影棚的屋顶上空轰鸣而过。

1919 年 12 月，在等待电影《空中大劫案》首映期间，洛克利尔和他的飞行伙伴们在加利福尼亚上演了一系列的空中表演。尤其是 19 日在旧金山的一次表演，成效尤为显著。为了这一次表演，洛克利尔全身心地投入了进去。他一手吊在制轮器上，另一只手向着人群挥舞，由于飞机飞得太低，观望的人群甚至都能看到他露着牙齿在微笑。接着，他又爬到飞机的上翼，缓步走向翼尖，当身体平衡地支撑在一个脚上时，他就摆出各种造型。

洛克利尔很快就享受到了好莱坞魅力所带来的光环，业界很多名流都聚拢在他的身旁，如塞西尔・B. 戴米尔（Cecil B. DeMille，一位航空迷，并且是一家机场的所有者）、查理・卓别林（Charlie Chaplin）、道格拉斯・费尔班克斯（Douglas Fairbanks）以及鲁道夫・瓦伦蒂诺（Rudolph Valentino）。1920 年 4 月，威廉・福克斯工作室［William Fox Studio，就是现在的二十世纪福克斯公司（Twentieth Century Fox）］与他签约让他主演电影《劫机者》（*The Skywayman*），片酬为一周1 650美元。跟他搭档的是一位澳大利亚电影王后露易丝・娜乌丽（Louise Lovely）。正如片名所示，该影片围绕着狂热的航空飞行展开。在影片中，人物有两次要在飞机与飞机之间进行穿移。第一次是由斯克茨・埃利奥特（Skeets Elliot）做的，第二次则是由洛克利尔自己完成的。影片中出现了这样一个枪战场景：洛克利尔屈身在一架正在飞行的飞机的起落架上，而一群坏蛋坐在汽车里追赶着飞机。

这部影片的高潮是在一座油田的上空拍摄夜晚行动的场景。导演原先打算白天拍摄这个场景，然后用滤镜来制造夜晚的气氛，或者使用一些微缩模型来替代。但是洛克利尔却坚持要求在夜晚进行整个场景的真实拍摄。当时，其他的一些飞行员已经成功地学会了他的某些表演技能，并且玩出了一些新的花样。洛克利尔想要证明，他仍然是这场游戏的领先者。于是他不顾工作室的忠告，在 8 月 2 日，也就是杀青前的最后一天，他说服了埃利奥特和肖特在夜晚进行拍摄。

探照灯照亮了戴米尔机场附近一个油田的上空。按照拍摄脚本，当洛克利尔和他的伙伴埃利奥特驾驶的飞机从超过 4 500 英尺的空中向油田井架螺旋俯冲下来时，灯光要投射在他们的飞机上。接着在最后的关头，他们要调整飞行姿态，使飞机改成平飞。但是悲剧发生了。由于灯光一直投射在飞机上，埃利奥特什么也看不清，他驾驶的飞机一头栽进油井旁边的一个油池中，飞机瞬间变成了一团燃烧的火球。这俩人立时毙命。令人作呕的是，威廉·福克斯工作室在影片的最后发行中，并没有剪辑掉发生摔机和后续着火的场景，而是在该片结尾的部分剪接上了在早前就已经拍摄过的场景，那就是人们看见洛克利尔和埃利奥特从事故现场安全地走出来的画面。那个晚上，在观看到这一恐怖事件发生的人群当中就有维奥拉·德纳。她在后来的超过 25 年当中，一直拒绝乘坐飞机。

人们在不同的地方为洛克利尔举行了葬礼仪式，其中有两场分别在洛杉矶和沃斯堡。这些葬礼仪式也称得上是电影发展史上最隆重的仪式。成千上万的粉丝聚集在他的家乡的灵堂外面。在灵堂里面，洛克利尔那充满魅力的女友趴在灵柩上不停地哭泣。在洛克利尔和埃利奥特于各自家乡下葬之前，洛克利尔已经分居多年的妻子在得克萨斯也陷入了悲痛之中。多年之后，由罗伯特·雷德福（Robert Redford）导演并主演的影片《鹫与鹰》（*The Great Waldo Pepper*，1975 年）中男主角的生活故事，基本上是以洛克利尔的人生经历为脚本的。在首映仪式上，被邀请的嘉宾当中就有维奥拉·德纳。

第五章　在压力中飞行

第一个独自驾驶飞机完成环球飞行的人，是一位在 8 天内睡觉时间不超过 20 小时的飞行员。为了防止在飞行中打瞌睡，他用一根绳子把自己的一根手指绑在了一个很重的工具上，以此来提醒自己。只要这个工具掉落，他就会立刻被拽醒。有一次，他几乎耗尽了燃油并打算弃机跳伞。也有很多次，他碰到了非常坏的天气，几乎都看不清楚自己在朝哪儿飞。而更为艰难的是，他仅仅有一只眼睛。

威利·波斯特（Wiley Post）于 1898 年出生在得克萨斯州，他在俄克拉何马州的乡村度过了少年时代的大部分时间。他的父母是农场主，但是作为家中最小的孩子，波斯特没有兴趣去走父母的那条路，他最大的兴趣是摆弄各种机械类的东西。1913 年在劳顿镇举行的一次交易会上，他平生第一次看到了在空中飞行的飞机。这是一架老式寇蒂斯“推动力”飞机，看上去就像是一个后部装了一支巨大的螺旋桨而尺寸超大的箱形风筝。打那以后，他知道自己要去做什么了。他开始学习科技、数学和导航等有助于他实现成为一名飞行员的目标的基础知识。但是他跨入航空领域绝没有那么迅速和简单。

在第一次世界大战期间，波斯特抱着飞行的梦想参加了美国军队，但是最后却成了一名无线电报务员。退役回家之后，他在俄克拉何马州的油田找了一份油井工人的工作。后来证明，对他而言这就是一个麻烦期的开始。1921 年，他因持枪抢劫汽车被控有罪而触犯了法律。

为此，他被送到俄克拉何马州立管教所服了10年刑。但仅仅在13个月后，他获得了假释。

1924年，在加入由布雷利·提布斯（Burell Tibbs）和一些得克萨斯州顶级飞行员组成的特技飞行队之后，波斯特才真正开始了他的飞行生涯。但在那个时候，波斯特并不是一名飞行员，而是一名特技跳伞表演者。也就是在这个时期，波斯特从参加表演的一些拥有丰富经验的飞行员那里学会了一些飞行的知识。此后，他下定决心要买一架属于自己的飞机，而这只有在他挣到足够的钱以后才有可能实现，而仅仅依靠特技飞行队支付的那点薪水是没法达成这一目标的。于是在1926年，他又回到了油田去工作。但是在上班的第一天，他就受了伤，一块金属片蹦进了他的左眼并夺去了他的视觉。伤口感染使他面临双眼完全失明的危险，于是他同意了外科医生的意见，将受损的眼球摘除了。在他的余生中，他一直戴着一个眼罩，这就让人们能够很快地认出他来。然而这个事故却给他带来了福运，他获得了1 800美元的补偿。这样一来，他终于有钱去买属于他的第一架由加拿大制造的寇蒂斯JN-4（又叫“加拿大佬”）的飞机了。

1. 当威利遇到维妮

在这段时间里，波斯特遇到了一个俄克拉何马人，他就是威尔·罗杰斯（Will Rogers）。威尔·罗杰斯是20世纪20—30年代的电影明星和幽默艺术家，并且是全美人人皆知的牛仔。罗杰斯要去参加一项牛仔竞技表演，波斯特也为能驾机载着他去那儿而感到高兴。这俩人相处得十分融洽，后来罗杰斯就把波斯特介绍给了自己的一位朋友，也就是家财万贯的石油巨头弗洛伦斯·G. 霍尔（Florence G. Hall）。

1927 年他们见了面之后，波斯特就驾驶着自己的那架敞篷式驾驶舱的双翼飞机，成了霍尔的私人飞行员。一年以后，霍尔决定升级购买一架新型的、封闭式驾驶舱的飞机。霍尔让波斯特去参观了位于加利福尼亚州伯班克的洛克希德飞机制造厂，去挑选由该公司推荐的最好的一架飞机。最后，波斯特挑选了一架流线型的洛克希德维加单翼飞机。霍尔立刻以他的女儿维妮·梅的名字给这架飞机命名。

在大萧条时期，霍尔的生意受到了重创，于是他不得不暂时打发走波斯特和他的飞机。波斯特就来到了洛克希德公司，在那儿做了一段时间的销售员和试飞员。1930 年，霍尔恢复了自己的生意。这时，他已经能够再次投资购买一架更新的维加飞机了。这架飞机再次被命名为“维妮·梅”，他让波斯特重新回到了自己的岗位。事情远不止如此，霍尔还鼓励波斯特去实现自己一直以来的雄心，那就是创造一项环球飞行的纪录。为此，波斯特还参加过从洛杉矶到芝加哥的全美航空竞赛。为了这次比赛，他让洛克希德公司给“维妮·梅”安装了一个 500 马力的新发动机，使这架飞机的最高速度达到了每小时 200 英里。这架增大马力的飞机，使波斯特在整个赛程中以 9 小时 8 分的成绩夺得了第一名，这同时也把他推向了世界的舞台。

正如其他飞行员一样，波斯特对于环球飞行的纪录是由一艘飞艇而不是由一架飞机创造的这件事一直耿耿于怀。就在前一年，雨果·埃克纳（Hugo Eckener）乘坐“齐柏林”号飞艇，用时 21 天完成了环球飞行。波斯特为了能够打破纪录，雇了一名多次跨洲飞行的老手、来自澳大利亚的哈罗德·盖蒂（Harold Gatty）做他的领航员。盖蒂也是一名技术天才，他发明了一些新的导航仪器，其中就包括一个整合了地速和风向漂流的指示器。这个仪表对于波斯特来说是极其有用的，因为他只有一只眼睛，这造成他缺乏对深度的知觉，很难去计算距离

图 12　威利 · 波斯特（不同于往常，没有戴眼罩）和哈罗德 · 盖蒂

和速度。

1931 年 6 月 23 日这一天，波斯特和盖蒂从长岛起飞，开始向北接着又向西飞去。他们在纽芬兰着陆并加油后，继续跨越大西洋向欧洲飞行。接下来，他们又在英格兰、德国和苏联作了短停。在西伯利亚的一个飞机场，他们第一次遭受到重大挫折。暴雨使“维妮 · 梅”陷入进泥潭中，他们在一个带着拖车的美国士兵分遣队的帮助下，历经 14 个小时的苦战，才把飞机从泥潭中拖出来。后来，他们在哈巴罗夫斯克①的地面上又花了几个小时，让机修工检查发动机，为后面飞越太平洋那个最长的航段而做准备。经过 17 个小时的飞行之后，波斯特和盖蒂降落在了阿拉斯加的所罗门。然而，他们这一次却遇到了最严重的挫折——一次影响整个冒险旅程的挫折。在关于旅行的一本书《8

① 苏联城市，即现在的伯力。

天环游世界》（*Around the World in 8 Days*）中，波斯特是这样描述几乎致命的所罗门起飞事件的：

> 在沿着海滩往回滑行的过程中，飞机开始陷进泥沙中。我快速地用力推了一下油门，想让飞机冲出去而不被陷住。但是我成功完成这些动作的结果却是让机尾翘向了天空。随着“啪”的一声巨响，螺旋桨在沙滩里打出了一个坑，两个叶片翼尖都被打弯了。我赶紧切断应急电门，这时的“维妮·梅”已经是机头着地了。这对我们来说是致命的一击。
>
> 我赶紧跳出机舱去检查受损情况。我拿一个扳手、一把破柄的榔头和一块圆形石头，用力扳回叶片的翼尖，好让它们至少能够按正确的方向转动气流。
>
> 在电门关闭时，哈罗德用手去转动螺旋桨，好让发热的发动机重新启动起来。他对着我喊“一切正常”之后，我打开了电门，发动机开始增压。汽油在一次热充点火时导致活塞上冲，随后发动机点火后又跳断。在哈罗德跳开躲避之前，螺旋桨从他的手臂边飞过，另一个叶片“啪”的一下打在了他的肩膀上。他像个木头一样摔倒在地。很幸运，至少可以这么说，尽管他扭伤了背和出现了一些青肿，但好在击打他的是叶片的平面部分。如果螺旋桨是反向转动，那他整个人可能会被打成两半。

在重新安全地回到天空之后，“维妮·梅”径直飞向费尔班克斯。在那儿，威利和哈罗德从阿拉斯加航空公司索取了一个螺旋桨配件并作了更换。接下来，他们在飞越高达 9 000 英尺的落基山脉之后到达了埃德蒙顿。在埃德蒙顿，飞机降落在一块地面有积水、不能用来作起飞之用的狭长地带。在当地人的帮助下，飞机被拖到了城里的一条街道上。尽管机翼离街道两边的建筑物只有几英寸的距离，但是这条街道还是能够用来作为飞机起飞的跑道。在克里夫兰最后一次经停加油之后，波斯特和盖蒂回到了纽约的罗斯福机场——就是从这个机场，在 8 天 15 小时 51 分之前，他们开始冒险起飞，飞了 15 500 英里，打破了过去的世界纪录。

图 13　在美国国家航空航天博物馆展览的“维妮·梅”号飞机

2. 独自挑战

接下来就是盛大的凯旋欢迎仪式，其中有在白宫举行的午宴，有第二天在纽约举行的彩带纷飞的盛大游行，以及由美国航空商会在爱思特酒店为两位英雄举办的一场晚宴。为了庆祝他们凯旋和表彰波斯特的功绩，弗洛伦斯市政府把“维妮·梅”飞机赠给了波斯特。

但是后来，波斯特渐渐被淡忘了。对于这次成功的创纪录飞行，一些报纸开始更多地称赞盖蒂的机械操作技能，而不是波斯特的驾驶技术。当波斯特努力想开办一所自己的航空学校时，他发现几乎没有人愿意出资金来赞助他，因为人们都怀疑他的出生背景和他缺乏正规的学校教育。波斯特也意识到，其他的飞行员将很快打破这项新的纪录，因而他需要去创造一个更高的纪录，以便接下来的几年中，任何一个人都很难打破它。在诸多因素的驱动下，他开始着手他的下一项个人挑战：打破他自己的世界纪录。而这一次，他要自己一个人去完成。

第二年，为了这项挑战，波斯特精心维护着"维妮·梅"号飞机，使它处于良好的状态。由于没有领航员，他将不得不一边驾驶飞机，一边自己获取读数并计算出方位和航向。为了帮助自己做到这些，他安装了一个由斯佩里陀螺公司和美国军队原型制造的自动驾驶仪和一个无线电方向识别仪。令人感觉奇怪的是，在这次挑战中，波斯特受伤的眼睛却帮了他的忙。由于他缺乏深度知觉，因而他习惯于用大脑来计算航向（他经常开玩笑说，如果别人改变了两层建筑的高度，那他将不得不放弃飞行）。在上次跟盖蒂一起飞行的时候，波斯特为了经受考验，就努力在体力上和精神上进行磨炼。比如说，他已经习惯了打个小盹儿，而不是一觉睡上好几个小时。

1933 年 7 月 15 日，波斯特从位于纽约布鲁克林的弗洛伊德·班尼特机场出发了。他沿路没有经停，一直飞行了 26 个小时之后到达了柏林。他沿着上次与盖蒂一起飞行时的路线，在苏联境内降落了几次加油和对飞机做维护，尤其是对自动驾驶仪做维护，使它保持正常工作。他不断地与瞌睡做斗争。独自飞行远距离的航程，已经使他在精力和体力上都透支了，陪伴他的只有那让人昏昏欲睡的发动机发出的"嗡嗡"声。最后，他终于飞回北美洲的上空，而在航程中只有无线电方向指引仪出了些岔子。在航行中，他担心要飞越高山，于是就在与外界隔绝的弗莱特矿业小镇的一个狭窄的地带降落了。在降落的过程中，飞机的螺旋桨和右侧起落架产生了一些破损。经过一番维修，在当地一些矿工的帮助下，他接着飞向埃德蒙顿，然后继续不经停地又飞行了 2 200 英里后回到了纽约。在纽约，有 5 万多人在弗洛伊德·班尼特机场等待他归来。波斯特仅仅用 7 天 19 个小时就独自完成了环球飞行，这比他之前的纪录缩短了 21 个小时。他的这一壮举，就当时他面临的各种障碍和各种技术限制来讲，的确让人感到吃惊。

接下来，波斯特开始考虑参加下一年度在英格兰与澳大利亚之间举行的奖金高达一万英镑的“罗伯森奖”的竞赛活动。但是他心里明白，“维妮·梅”不会比其他参赛的一些新飞机飞得快。他唯一的机会就是让飞机飞得更高一点，尤其是在 27 000 英尺至 36 000 英尺之间的高度上飞行，因为早期的气球实验证明在这个高度有快速流动的气流（就是我们现在知道的急流）。要在如此的高度上生存并有效操纵飞机，飞行员就需要增压呼吸。但是“维妮·梅”的机身没有牢固到足以给机舱增压，唯一的解决办法就是飞行员穿上一种类似于人们在深海潜游时使用的那种特殊装备的装备。

3. 高空装备

波斯特一直保守着他关于高空飞行计划的秘密。但是他还是把航空服的想法告诉了他的一个飞行员朋友吉米·杜里德（Jimmy Doolittle）。于是吉米就把他介绍给了古德里奇公司（B. F. Goodrich Company）。波斯特问这家公司能否帮他开发一种航空服和头盔：当飞机在接近 27 000 英尺的高度飞行时，能够维持相当于在 5 500 英尺高度飞行时的压力。这种空气压力是由他计划安装在“维妮·梅”发动机上的一个新型超级增压器来提供的。古德里奇公司用经橡胶处理的降落伞材料制作了三套航空服，这三套航空服一套比一套做得精致。其中第三套航空服经受住了所有可能遇到的压力测试，并且在充气增压时能够保证膝关节和肘关节有足够的活动空间。

1934 年晚些时候，波斯特穿着这套航空服，在接近 40 000 英尺的高度做了几次试飞。12 月 7 日，他爬升到了 50 000 英尺的高度。实际上，在这个高度他已经感受到了急流的效应，但是在下降的过程中，两台自动气压记录仪中的一台失效了，导致他失去了一次创造正式的世界飞行高度纪录的机会。

为参加“罗伯森奖”比赛而准备的航空服未能最后定型，“维妮·梅”的升级也未能按时完成。但是波斯特已经顾不了那么多了，于是他穿着高空实验用的那套航空服去参加了比赛。但是在一次尝试创造洲际飞行速度纪录的过程中，几乎酿成灾难性的后果，因为有一个嫉妒心极强的飞行员蓄意破坏了“维妮·梅”的发动机。在接下来的洲际飞行中，由于在中西地区上空耗尽了氧气，波斯特不得不退出比赛。不过在从伯班克飞往克利夫兰时，他的确以平均每小时 279 英里的速度创造了飞行 7 小时 19 分的纪录。这个纪录比正常飞机每小时的最高速度快了整整 100 英里，这不得不归功于高空急流带来的巨大推力。

这架老飞机开始飞得吃劲了，它已经不能再承载这种负荷了，它的故障发生率也越来越高。在经过四次未能完成高空洲际飞行之后，“维妮·梅”在 1935 年退役了，连同它的原装仪器一起被卖给了史密森学会。今天，它被陈列在华盛顿特区的国家航空航天博物馆里。

4. 致命的鸡尾酒

波斯特开始对美国西海岸与俄罗斯之间的旅客和航空邮件运输产

生了兴趣。由于没有足够的资金去买一架新的飞机来从事这个行业，于是他决定从两架已经报废的飞机中找一些零部件去拼装一架飞机。这架单翼飞机的机身来自洛克希德猎户座海上巡逻机，长长的机翼则来自一架被摔毁的洛克希德探索号实验机。波斯特又在机身上安装了一台 550 马力的发动机和几个能装 260 加仑①航油的大油箱。最后一步就是给这架飞机安装一对浮筒，这样一来，这架飞机就能在阿拉斯加和西伯利亚广阔的湖面上起飞和降落了。

洛克希德公司拒绝让它的工程师们为这个项目做任何事。即使在地面上，把这些不同设计的东西拼凑在一块也会带来危险的后果，这一点很快就被悲剧性的结果证明了。然而波斯特不管不顾，在位于伯班克洛克希德机场的太平洋埃摩迪夫有限公司（Pacific Airmotive Ltd.）的帮助下，他把猎户座海上巡逻机和探索号实验机的部件拼凑在一起，组成了新的飞机，人们轻蔑地把它称为“威利的孤儿”或者是“威利的混血儿”。喜剧演员威尔·罗杰斯（Will Rogers）经常去拜访波斯特并查看工作进度。他问波斯特，飞机造好以后能否带他一起飞到阿拉斯加，因为他要去那儿为他的新闻专栏搜集一些素材。波斯特和他的妻子梅的计划是，先飞往西雅图，在那儿给飞机安装上浮筒，然后与罗杰斯会合，之后继续往北飞。

但是，波斯特订购的浮筒一直没有到货。于是他就安装了一对给更大的飞机装配的浮筒。他制造的这架混血飞机，本来机头就很重，这下就更重了。

罗杰斯对这对大浮筒颇有微词，但是波斯特向他保证说这不会有问题，并且 1935 年 7 月初在西雅图的一次试飞，似乎也表明这架飞机

① 1 加仑约为 4.546 升。

适航。这时候，罗杰斯和波斯特又决定把狩猎和钓鱼纳入他们的阿拉斯加之行中。然而波斯特的妻子却决定离开这俩人，后来她自己返身回家了。8 月 6 日，这架“混血”飞机载着满机的探险装备和两箱墨西哥辣肉酱起飞了。第二天，他们到达了阿拉斯加的朱诺。在那儿，波斯特和罗杰斯拜访了当地的一些朋友。后来，由于天气状况不佳，他们又在那儿待了几天之后才飞往育空地区①的道森。接着，他们继续飞往费尔班克斯②。在这一路上，波斯特驾驶着飞机，而罗杰斯则在打字机上敲他的专栏文章。

8 月 15 日，这俩人离开费尔班克斯而飞往巴罗角。之所以要去巴罗角，是因为罗杰斯希望去采访一位上了年纪的捕鲸者，去听他讲一讲关于捕鲸的故事。他们在哈丁湖加了一次油，这时离他们的目的地已经很近了。但是天气却出现了变化，他们无法确定自己所处的位置，于是决定在一个环礁湖面上降落去询问一下方向。他们与附近一个海豹围猎场的业主克莱儿·奥克皮哈（Clair Okpeaha）聊了会儿天，吃了一些食物，然后他们回到飞机上，开始准备最后一个航段的飞行。但是就在飞机刚刚起飞的时候，发动机突然停止了工作。在没有任何推力保持机头向上的情况下，这架机头偏重的飞机一头栽进了环礁湖。飞机机身发生了断裂，右机翼也折断了，飞机七零八落地坠毁在浅水滩中。这俩人当场都死亡了。

奥克皮哈立即跑步急匆匆地赶往 16 英里外的巴罗寻求帮助。几个小时以后，一支救援队找到了俩人的尸体。他们注意到，波斯特的手表停在了 1935 年 8 月 15 日下午的 8 点 18 分。

---

① 加拿大北部的一个行政区。

② 阿拉斯加州矿业中心。

但是，波斯特的传奇一直为后人所称道。宇航员托马斯·斯塔福德（Thomas Stafford）说：“每一次我穿上现代的太空服，就会想到威利·波斯特。”伟大的女性飞行员阿梅莉亚·埃尔哈特（Amelia Earhart）把他描述成“航空史上最勇敢的飞行员”。

第六章　古怪的休斯

提到霍华德·休斯（Howard Hughes）这个名字，首先映入人们脑海的可能会是“富有”和“古怪”这两个词。尽管他就是这样的一个人（年纪越大越甚），并且他还是电影制片人、运动员、一个带有传奇色彩而玩弄女性的人以及拉斯维加斯的赌博大亨，但是他的最大成就却在航空业。他自己制造并超凡地驾驶过一些特别的飞机，在他的一生中，他多次打破个人的飞行速度纪录。他是美国航空业的一位主要的缔造者。

休斯可能出生在得克萨斯州的休斯敦，按照其中一种说法，应该出生在一个叫哈姆博的小镇。引述他自己的话说，他的出生日期可能是 1905 年的平安夜。但是，他的宗教洗礼记录上却不是这样的，上面记录的是 9 月 24 日。从一开始，霍华德·休斯就是一个谜，是一个让人捉摸不透和难以理解的角色。

但有一点可以确定，那就是他的财富来自他的父亲老霍华德。老霍华德是一个莽撞的石油商，他拥有一项给全世界带来油井钻探革命的旋转钻头的专利。通过他的休斯工具公司，老霍华德和他的合作伙伴很机敏地采用了出租的方式，而不是采用销售钻头的方式，从每口油井获取了多达 3 万美元的租金。就这样，他积累起了个人的巨大财富。

虽然霍华德·休斯在学校的成绩不是很好，但是他很早就显示出对工程方面的天资。11 岁的时候，他在休斯敦制造出了第一台无线电发射机，他又用从父亲那里拿回来的蒸汽发动机的配件组装了一台电动自行车。14 岁时，他开始学习飞行课程。2 年后，他的母亲去世了。又过了 2 年，他的父亲也去世了，休斯就此继承了家族巨额的财富和一个财源滚滚的工具公司。

1. 休斯去好莱坞

尽管休斯天性不善于与人交往，对人既不热情也不能说会道，但是这位 20 岁的高个子百万富翁却憧憬着那种令人羡慕的生活。在他父亲过世后不久，他和新婚妻子就举家迁往洛杉矶，并开始尝试电影制作。他的头两部电影均获得了商业成功，其中一部还获得了奥斯卡金像奖。1930 年，他又上映了一部甚至让史蒂芬·斯皮尔伯格（Steven Spielberg）都自叹不如的史诗般的电影。这部电影名叫《地狱天使》（*Hell's Angels*），是一部耗费 380 万美元制作的关于第一次世界大战期间皇家空军战斗机飞行员的影片。这笔巨额花费（相当于现在的 1 亿美元或者更多），有相当大一部分用在了当时世界上最大的私人空军（有 87 架 Vintage Spads、Fokkers 和 Sopwith Camels 飞机）的开销和维护上。在拍摄由休斯亲自导演的空中格斗场景时，有三名特技飞行员不幸丢了性命。并且，当休斯乘坐的侦察机坠毁时，他也差点丢了性命。当他被人们从飞机残骸中拖出来的时候，他已经失去了知觉，颧骨也被压碎了。

《地狱天使》这部影片赢得了很高的票房，也使年轻的休斯成了好莱坞的传奇。然而他的妻子无法忍受他跟一些年轻女演员的种种绯闻，坚决地回到了得克萨斯州，后来就与他离婚了。而实际上，尽管休斯经常被一些迷人的女星包围着，如艾娃·加德纳（Ava Gardner）、金吉·罗杰斯（Ginger Rogers）、拉纳·特娜（Lana Turner）和凯瑟琳·赫本（Katharine Hepburn）等，但是他最大的热情依然是飞机。

1934 年，他第一次参加比赛就获胜了，他驾驶着一架经过大幅改装的波音 100A 双翼飞机，创造了美国平均每小时飞行 185 英里的速度纪录。在同一年，他又召集了一个工程师小团队，成立了一个载入航空史的项目。他们努力工作的成果就是建造了一架从未有过的最漂亮的飞机，当然也是当时最快的飞机。这架飞机被命名为 H-1，而休斯喜欢简单地叫它“赛跑者”。基本上来说，制造这样一架飞机也是一项技术革新。它在设计上拥有了一些创新，如可收缩的起落架、冲压铆钉、减少阻力的铰接和能承受压力的机壳结构等。1935 年 9 月 13 日，在加利福尼亚的圣安娜，在强大的 1 000 马力的普惠双喘震发动机的推动下，这架飞机让休斯创造了每小时 352 英里（每小时 566 千米）的新的速度纪录。但是后来由于起落架没能放下来，这架飞机狼狈地降落在了一块豆田里。

一年半以后，休斯驾驶着一架经过重新设计的、机翼更长的“赛跑者”，从洛杉矶到纽瓦克不停歇地连续飞行了 7 小时 28 分钟，创造了一项新的横跨大陆的飞行纪录。这次飞行时间比他自己原先创造的最好成绩还短了 2 小时。在整个飞行路途中，他驾驶的飞机一直在 15 000英尺以上的高度飞行，并且他并没有佩戴任何特殊的氧气设备。他的这种做法在一些航空专业人士眼里就是一种莽撞的行为。这架引人注目的、很特别的 H-1 飞机，自那以后就再也没有飞过，它仅仅飞行了 42 小时之后就退役了。但是这次飞行的确打开了休斯去创造更多纪录的胃口。

图 14　20 世纪 40 年代，在加利福尼亚州的英格尔伍德（Inglewood），霍华德·休斯与他的那架新的波音军用飞机（波音 100A）合影

2. 快节奏的生活

这位雄心勃勃的航行家，决定要成为这个星球上飞得最快的人。为了实现创造环球飞行纪录这个目标，他购买了仅有的一架道格拉斯DC－1型飞机。可是后来，他却选择采用一架配有两台巨大的怀特旋风式发动机（能提供最强的动力）、额外油箱和领航设备的洛克希德14超级尼勒克特拉型飞机。1938年7月10日，以休斯为首的三人机组从纽约的班尼特机场出发，途经并降落在巴黎［打破了先前由查尔斯·林德伯格（Charles Lindbergh）创造的从纽约到巴黎的飞行纪录］、鄂木斯克、雅库茨克、费尔班克斯和明尼阿波里斯，历经91个小时后又回到了出发点，这比之前的最好成绩又提前了4个小时。

对休斯来说，这还远远不够。他还想要用更大的飞机、以更加时尚的方式向世人证明，一个安全、舒适、远程航空旅行的时代已经来临了。于是，他购买了一架波音307同温层运输机（这是当时世界上第一架座舱增压客机），并对这架客机做了包括增加额外油箱在内的常规性远程航线运输的改装。但是第二次世界大战的爆发，使得前往欧洲的航空旅行不再安全，这迫使休斯改变了计划。后来，他听取女演员丽塔·海华斯（Rita Hayworth）的一些建议，对这架飞机进行了内部豪华改造和装修，如增设了酒吧、厨房、盥洗室和卧室等。但是他从未真正喜欢过这架飞机。最终，他还是把这架飞机卖掉了。

随着他多次打破纪录的尝试，休斯开始越来越多地涉足航空商务。他最初召集起来制造H－1“赛跑者”飞机的小团队，在伯班克租赁了一个机库并组建了休斯航空公司。1939年，休斯已经成为航空商业领域的一名重量级人物，这时他开始收购环球航空公司的股票。两年后，他成了一个大股东并开始掌控该公司。

休斯一直在勾勒一架新型飞机的图景。这架飞机应当更大、更快，比以往任何一架飞机看上去更精致。但是按照当时的联邦法律，他既然作为一家航空公司的业主，就不能制造属于他自己的民用客机。于是，他找到波音公司的主要竞争对手洛克希德公司，把制造一些新飞机去取代环球航空公司同温层运输机的想法告诉了洛克希德公司。休斯与洛克希德公司的良好关系，始于1938年洛克希德公司给休斯提供了一架飞机，休斯用这架飞机创造了环球飞行的纪录。洛克希德公司答应秘密制造这种新型飞机，结果开发出了革命性的机种，环球航空公司直接从生产线上订购了40架这种飞机。

洛克希德公司新开发的这种机型，有四台很时髦的整流罩发动机、与众不同的三个垂直尾翼以及海豚形状的机身，这成为飞机设计上的一种标志。这架在当时改进最多的飞机，深受飞行员和旅客的喜爱，满足了一战后内陆兴起的旅游热潮的需要。

但是紧接着发生了另一场世界大战。这时的美国已经完全卷入战争中，环球航空公司只得暂时将这种初具雏形的机种购买权转交给美国空军。美国空军把这种飞机命名为C－69，主要用于军事运输。1944年，休斯和环球航空公司的总裁杰克·弗莱（Jack Frye）亲自将第一架创造一项新的不到7小时的海岸与海岸之间飞行纪录的飞机交付给美国空军。

3. 死亡经历

霍华德对航空的其他主要关注就是休斯飞机，为此全体工作人员都铆足干劲为战争而努力工作。设计用来作为战斗轰炸机的休斯D－2

型飞机是在 1939 年开始构思的。但是随着时间的推移，这种机型被改装成了双人驾驶的侦察机，并被命名为 D-2A。这也是 1943 年 6 月 20 日第一次从加利福尼亚的哈珀干湖起飞的原型机。在第二年的 11 月，停着 D-2A 飞机的机库被闪电击中，导致这架飞机受损。但是，从 D-2衍生出来的另一架间谍机被继续研发了出来，这就是为人所熟知的休斯 XF-11 型飞机。这种飞机能够在高空以每小时 400 英里的速度飞行，既可以躲避敌人的雷达，又可以使用一种新发明的微粒胶片拍摄隐秘的照片。它有两个 28 气缸、涡轮增压发动机驱动的反向旋转双螺旋桨，能够为飞机提供更大的推力。而这架飞机的试飞员就是休斯本人。

图 15　1946 年，休斯 XF-11 的第一架原型机

1946 年 7 月 7 日，在洛杉矶上空飞行了 30 分钟后，休斯 XF-11 飞机就遇到了麻烦：有一个齿轮箱润滑油渗漏，导致反向旋转的双螺旋桨中的一个出现了反向扭矩，造成飞机的机头向一边偏移。休斯使尽全力想拯救飞机和自己，不得不采取权宜之计，向着洛杉矶乡村俱乐部的一个高尔夫球场降落了下去。但是，就在他做出选择的几秒钟内，XF-11飞机就从空中倾斜着坠落下来，掉在了比弗利山庄的一个居民区。飞机砸毁了三间房屋，随后油箱也发生了爆炸。休斯拼尽全力从燃烧的飞机残骸中逃了出来，然后就瘫倒在旁边的一块空地上。一个来这里拜访朋友的美国海军军士恰巧路过，他把休斯拖到了安全地带。医院的检查表明，休斯的伤情很严重。他遭受了严重的三级烧伤，锁骨折断，肋骨多处骨折。更为严重的是，他的胸腔因受挤压而内陷，造成左肺严重受损，这导致他的心脏也被迫往胸腔右侧挤压。尽管后来他康复了，但是他的余生却一直在疼痛中煎熬。他只能越来越依赖采取肌肉注射麻醉药可待因的方法来缓解疼痛。他还有意戴了假胡须，来遮挡在事故中留在上嘴唇的伤疤。

接着，第二架XF-11飞机被建造了出来。这一次，飞机安装了传统的四叶式螺旋桨，并且由休斯进行了成功的试飞。但是，这个机型的项目在1949年被移交给美国空军后不久就废止了。这是休斯从美国政府那里获得的一份战时合同中规定的两架飞机中的一架。而另一架令人称奇的飞机，正如它的发明者一样不循常规，成为公众心目中与休斯密切相关的一个符号。

4. 飞鹅和白象

最容易让人回忆起休斯的，就是一艘大得出奇的“飞船”。设计这种“飞船”的目的，是将其作为跨大西洋海上运输的一种备选替代运输工具。它可以运载60吨货物，或者750名士兵。但是这种“飞船”极易受到德国U形潜水艇的攻击。这种飞机最初是以HK-1而出名

休斯H-4大力神“云杉鹅”号

机组人数：3

长度：218英尺8英寸（66.65米）

翼展：320英尺11英寸（97.54米）

载重量：400 000磅（180 000千克）

动力装置：8台普惠星形发动机（每台3 000马力）

巡航速度：250英里/时(407千米/时)

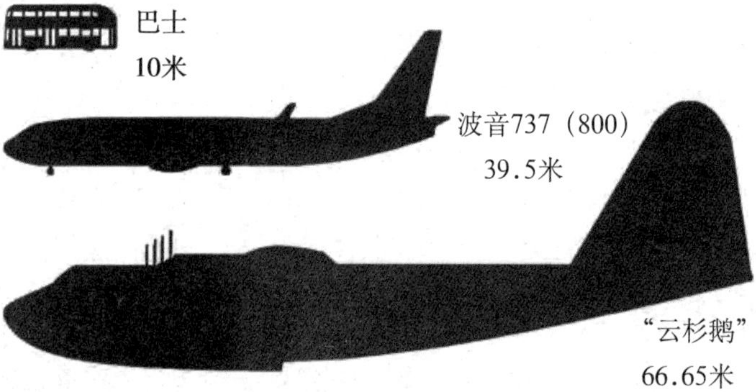

图 16　H－4 大力神，以“云杉鹅”命名

的，经过重新设计后成为 H-4 大力神飞机。考虑到战时金属铝是极为关键的资源，因此按照合同规定，这架飞机只能采用木质材料来制造。因为这是一架巨大的水上飞机，并且“云杉”（spruce）与“鹅”（goose）押韵，所以它就成为后来广为流传的“云杉鹅”。实际上，造这架飞机所用的木材是桦木。毫不夸张地说，这架飞机还以“飞行的木材储运场”而出名。

尽管 1942 年就签订了这架大飞机的合同，但是由于休斯自己专注于飞机的制造细节而耽搁了时间，因此在战争结束的时候，这架飞机还没有完工。1947 年 11 月 2 日，已经过了能真正派上用场的很长一段时间以后，“云杉鹅”终于滑行到加利福尼亚州的长滩港湾，开始了它的第一次也是仅有的一次飞行。当时的场面甚为壮观。这是当时从未建造过的最大的飞机（比波音 747 的体积还要大 20%），每个机翼上都悬挂着 4 台巨大的发动机，翼展达到了 97.54 米（即使在今天看来，它也是历史上翼展最宽的飞机），尾翼高度达到了 7 层楼高。

驾驶飞机的，还能是谁，当然是休斯自己了。休斯极为自信，他认为，这架重达 180 吨而价值 2 500 万美元的庞然大物一定能飞上天。“如果飞行失败了，”他很早时就对人说，“我将离开这个国家，我是认真的。”在一些叽叽喳喳的记者的包围下，在海滩上一小群充满好奇的观众的观望下（这次试飞并没有做大量广告），休斯向前推动了普惠公司制造的 8 台 4 000 马力的发动机的油门。慢慢地，“云杉鹅”开始加速，在起飞升空过程中，它击打着海浪并溅起了一片片水花。对于那些观望的人来说，这架水上大飞机好像就要面临着冲出港湾的危险。但是最后这架飞机终于升空了，它在高出水面 60 英尺的空中飞行了。在飞行了 1 英里之后，它就重重地拍落到海面上。这极为壮观的一次飞行，现在完全没有意义了，“云杉鹅”飞行了还不到一分钟。

尽管有着世界上最美好的心愿，甚至连美国政府都想在和平时期给这个项目投入几百万美元（但是并没有做到），但是我们很难看到霍华德的这件荒唐事能够产生什么有用的价值。这架飞机油门很大，油箱里却没有足够的燃油，在仅搭载一名机组人员和 32 名乘客，而机身中更多宽敞的空间没有搭载东西的情况下，这只“大鹅”使出浑身的劲才飞了起来。在满载的情况下，它是否能够以每小时超过 250 英里的巡航速度飞到 20 000 英尺的高度，这从未为人所知。在仅有的一次短途飞行之后，这架飞机就被拖进了一个干船坞，它像蚕茧一样被包裹在一个巨大的、温度可控的机库里。此后在长达 30 年的时间里，它再也没有被公众看到过。

5. 被世人遗忘

休斯后半生的生活让人看起来就感觉很压抑。他患上了一种不断恶化的精神性疾病，行为越来越古怪。20 世纪 30 年代早期，他就已经表现出了强迫症的病状，他的精力过分集中在一些琐事的细节上，比如用一个特别的餐叉，把他盘子里的豌豆（他最喜欢的食品之一）按大小逐一分类。他开始变得越来越疏远人群。1957 年，休斯把自己关在离他家不远的一个电影制片厂的放映室里长达 4 个月之久。在这期间，他仅以鸡块、巧克力和牛奶为生，甚至不洗漱或者洗澡。他给助手们留了一张便条，告诉他们，只有在被问到的时候，他们才能跟他说话，而且说话时不能看着他。后来，当他再回到充满阳光的环境时，他的状况已经变得很糟糕了。

尽管休斯有时还是清醒的，并且他还设法或多或少地去干一些自己的事，但是他已经变得越来越与外界隔绝。他的这种状态，有时候几乎是一种对自我的完全疏忽（一年只理一次头发，只剪一次指甲）和对接触到的细菌表现出的一种疯乱的恐惧。1966 年，他搬到拉斯维加斯的戴斯特宾馆居住。由于他那些令人难以接受的举止而被要求离开时，他非但不离开，反而买下了整座宾馆，以及镇上的四家赌场、一家广播电台和内华达州的一些房产。

休斯一直生活在过去的伤病带来的持续性的痛苦中，即使是刷牙这个动作也会让他感到疼痛难止，于是他从此就不再刷牙了。1973 年，一位医生给休斯做了体检，认为休斯的这种身体状况跟二战期间他在日本战俘营看到的战俘一样。在接近人生晚期的时候，这个拥有亿万资产的怪人搬到了巴哈马群岛居住，后来去了墨西哥。据说，他已经完全依赖于可待因，而且每天都有规律地往自己的身体里注射。1976 年 4 月 5 日，他在从阿卡普尔科飞往家乡休斯敦的一家医院的飞机上死于心脏衰竭。这位航空世界的巨人之一，开创飞行速度纪录的先锋，就这样去世了。在他去世前的 20 年里，人们再也没有见过他，甚至连他的照片都没有再看到过。

第七章　约翰·斯塔普和他的火箭雪橇

在一个火箭雪橇的后部，固定了一把没有保护罩的椅子。美国空军航空外科医生约翰·保罗·斯塔普（John Paul Stapp）面朝前被固定在这把椅子上。这个火箭雪橇的运行速度可能比一架大型喷气式客机的速度还快。在斯塔普的前方，是一条 2 000 英尺长的轨道。这条轨道穿过加利福尼亚州穆拉克军用机场的干旱地区，一直向前延伸。斯塔普自己倒数着数字，他的声音通过话筒传到不远处的控制室里。当倒数到“0”时，火箭点火了。在接下来的 5 秒钟内，雪橇疯狂地加速，速度竟然达到了每小时 632 英里，这太令人吃惊了，它打破了陆地的极速纪录。

瞬间，雪橇一头冲进水洼中，突然就停了下来。在此之前或者自那之后，一直没有人愿意尝试这种在几秒钟之内从每小时 600 英里的速度突然到静止停下来的剧烈颠簸，这相当于以每小时 120 英里的速度撞击在一堵砖墙上。雪橇载着斯塔普冲得太快了，以致灰尘颗粒穿透了他的飞行服，并在他身体的皮肤上不断剧烈摩擦，触发了许多水泡。突然间的减速，造成他眼球里的毛细血管爆裂，眼球从眼眶中凸了出来，他暂时什么都看不清了。这一天是 1954 年 12 月 10 日。

这种貌似愚蠢的受虐行为，仅仅是斯塔普以科学的名义自愿尝试的许多极端实验中的一个而已。他的人生目标是，探寻人类怎样才能够从坠落的飞机中更好地存活下来。

1. 激励

斯塔普于1910年出生在巴西北部的巴伊亚，他的父亲是一名浸信会传教士。他在13岁那年，随着家人一起移居到了美国。后来，怀抱着要成为一名作家的理想，他考进了得克萨斯州的一所大学。在1928年的圣诞假期，他目睹了改变他人生轨迹的一场悲剧。他在亲戚家逗留期间，他的一个年幼的堂弟不小心爬进了壁炉，烧伤得十分严重。虽然斯塔普一直在帮着护理这个婴孩，但是三天之后，这个婴孩还是夭折了。发生这件事情之后，斯塔普决心要成为一名医生。15年以后，他获得了动物学和生物物理学学位，接着进入明尼苏达州立大学的医学院继续追求他的梦想。毕业后，他先是在德卢斯的圣·玛丽医院实习，后来在第二次世界大战末期，他参军来到了医疗队。

1946年，斯塔普被分配到俄亥俄州莱特机场（现在的莱特·帕特森空军基地）的航空医学实验室，在生物物理学分部做项目负责人和医学咨询师。他的第一项工作就包括在40 000英尺或高度更高的非增压的飞机上完成一系列的飞行。这个时期正值新开发出一种比以前飞得更快更高的军用飞机，这种飞机大大地增加了患减压病①的风险。这种病也被叫作“弯曲病”，发作时让人感到极其痛苦，并且会有潜在的生命危险。20世纪30年代，由于气球和螺旋桨驱动的飞机飞得太高，这种病才开始在航空领域引起人们的注意。在正常的情况下，空气中的一些气体——主要是氮气，在人体血液中会被溶解。如果一个

---

① 深海潜水员因浮出水面太急而患的一种疾病。

人快速地进入高空（或者是低压地区），这些气体在血液中就不再被溶解，而是形成许多气泡。当这些气泡要脱离身体时，它们就会带来一些病症，最常见的就是造成关节中度到强度疼痛，尤其是在肩膀、肘部、膝盖和踝关节等处。最糟糕的情况是，身体扭曲并且疼痛加剧，这就是“弯曲病”的得名，这是身体的一种本能反应。一旦出现这种情况，就表明状况开始恶化了。

在气球和飞机飞得很高之前的岁月中，只有潜水员和矿工经受过这种减压病，这种病通常发生在他们从海洋深处或者地下深处快速上升时。如果缓慢地上升，比如说潜水员以每分钟 10 米（33 英尺）的速度上升，就能避免发生这种情况。但是，以如此慢的速度上升或下降，对于飞行来说是不可接受的。而可用的备选方法就是调节飞机座舱的空气压力，或者穿戴一套能提供氧气并且能根据高度自动调节压力的增压服。只有通过研究，才能知道人类在高空失压时如何做出反应，以及如何更好地去应对这个问题。在战后的几年中，许多实验都是通过人工饲养的天竺鼠来完成的。

为了进行这些实验，实验者把一架用来轰炸德国目标、安装有四台发动机并由螺旋桨驱动的波音 B-17 重型轰炸机进行了完全的改装，从而使它能够在同温层中飞行。这架卸掉所有武器和发动机并经过重新设计的飞机，能够在接近 45 000 英尺的高度巡航数小时。1946 年的春天，这架由战争使用的机器改装作研究之用的飞机飞上了天空。但是这架飞机的座舱并没有增压和加温设备，其中一名机组成员因在零下气温中不断哆嗦而咒骂。斯塔普机长独自一人坐在后面，遵守着自愿接受实验的一些不成文规矩，那就是想让别人接受什么事，就得自己首先乐于去做。

2. 在生存的边缘

斯塔普努力想探索的一些问题，对航空业的未来发展是至关重要的。人体长时间地暴露在高空时会做出怎样的反应呢？在这种情况下，人不管是身体还是精神还能够正常活动吗？他们怎样才能够防止由“弯曲病”造成的冻伤、脱水或者能力丧失问题？在经过总计65个小时的飞行（其中有一半时间是在与珠穆朗玛峰一样的高度飞行。在这种情况下，即使是瑞安航空公司的乘客也难以忍受）之后，斯塔普已经积累了大量的没有什么价值的数据。但是多亏了他的努力，从此解决了一些生理学上的问题，为下一代高空飞机的研发铺平了道路。这些资料也有助于解决一些技术问题，如大家所知的在太空边缘从气球上的吊篮中往下跳的“高跳低开伞降方式”。在高空防止“弯曲病”被证明是一个很难解决的问题。后来斯塔普的实验表明，只要在起飞前呼吸半小时纯氧，就会绝对减少这种症状的发生。这对于防止失压作用的体系发展来讲是一个关键性的突破。

为了奖励他在高空飞行中的开创性工作，斯塔普被安排到航空医学实验室，去负责一个被命名为MX981的最优先级项目，即极度减速对人体影响的研究。这种研究后来就成为在飞机遭遇极端碰撞的情况下，一个人能够承受18g（1g，是指在海平面上地球引力对人体的作用力，通常用g表示）而存活下来的一种军事概测法。根据研究结果，飞机的驾驶舱就不再被建造得能承受比重心引力更大的作用力。但是在第二次世界大战期间，一些证据对18g的限度提出了质疑。当时发生了一些事例，如海军飞行员驾机猛烈地撞击到航空母舰的舰岛上，或者是撞到其他飞机上，如果严格按照常识来看，他们应当瞬间就死亡了。可是情况却相反，他们仅仅受了一些擦伤，自己从驾驶舱里走了出来。也有很多其他的问题困扰着他们，比如在一些不是很猛烈的撞机事件中，在撞击发生后飞行员原本都是活着的，但是后来由于座椅、安全带或者驾驶舱结构等问题，飞行员最终却死亡了。

这些事件，强调了针对提高航空安全性而进行严格的科学研究的必要性。人体究竟能够承受多少个真正的地心引力？能够承受多长时间？飞行员能够安全跳伞的最大速度是多少？如何研发出能更好地保护飞行员的座椅、安全带和其他设备呢？

3. 维兹重力实验雪橇

1947 年 4 月，斯塔普辗转来到洛杉矶去验收在穆拉克军用机场建造的“人体减速器”。主要原因是在二战期间，这里修建了一条2 000 英尺长的跑道，用来测试德国 V－1 导弹（就是臭名昭著的 V 型飞弹）。在跑道的一端，来自诺思罗普公司的工程师们，安装了几套能够让一个以每小时 150 英里的速度行驶的火箭雪橇，在 1/5 秒内减速到每小时 75 英里的液压制动器，这种减速接近于一架飞机在坠毁时所经历的情况。

这个绰号被取为“G 维兹”的雪橇，是由许多根管子焊接而成的，它长 14 英尺、宽 6 英尺，重量大约为 1 350 磅。这个雪橇被安装在镁制滑行器上，雪橇底盘上部是一个粗糙的特制座椅，后部则是一个遥测天线发射杆和一个能够搭载四个火箭推进器的托架。这些推进器与飞机在短跑道上起飞时使用的是同一类型的推进器，每一个推进器能够产生约 5 000 磅的推力。通过改变推进器的数量和刹车的压力，乘坐者能够感受到几个不同的、令人非常不舒服的地心引力。

图 17　约翰·斯塔普坐在穆拉克空军基地的维兹实验雪橇上

打算用来做这个实验的是一个重 185 磅的仿制品，被人们称为“奥斯卡黑八球”。航空医学实验室的工作人员还未考虑过使用人体来做实验，因为这明显风险太大。但是，当斯塔普到来后，这一切都随之改变了。在把自己介绍给诺思罗普现场的首席工程师乔治·尼克尔斯（George Nichols）之后，斯塔普走到“奥斯卡黑八球”边上，拍着它的头对乔治说：“你可以把它扔掉了，让我来做这个实验品吧。”

但是斯塔普并非愚蠢到了不顾一切后果的地步。他仍然要在雪橇上使用“奥斯卡黑八球”来做初期的实验，这也是一件好事。1947 年 4 月 30 日，在首次实验期间，液压制动和备用制动系统都失效了，雪橇冲出了轨道，一头栽进了沙漠中。在后来的一次实验中，这个身上只绑了一条简单的安全带的仿制品，以每小时 150 英里的高速在轨道上发生了爆裂。制动锁定产生了强大的减速力，造成安全带断裂。“奥斯卡黑八球”冲破 1 英寸厚的木质风挡飞了出去，然后在 700 英尺开外的旷野中停了下来，它那用橡胶做的脸被甩在了身后，此时的它已经完全变形，乱七八糟地堆在了一起。

在 8 个月内使用这个倒霉的仿制模特进行了 35 次实验之后，斯塔普做好了要亲自进行尝试的准备。在第一次实验时，为了减小地心引力带来的负面效应，他仅仅使用了一节火箭，并且脸朝后坐着。在这次经历中，他仅仅感到肌肉有些疼痛。第二天，他增加了 2 节火箭，继续做实验。在每次进行新的实验时，斯塔普都要对推力和制动做些调整，这不但能提高地心引力，而且能在单位时间里使推力达到最大（就是所谓的初始速度）并一直维持下去。至 1948 年 8 月，斯塔普已经完成 16 次实验并承受住了 35g（这远远超过了人们认为的会致命的 18g），看来似乎没有任何生存限制。斯塔普在每次实验中都经历过不舒服或者受伤。每一次他坐在雪橇上，安全带都勒得他的肩膀生疼，在很大的地心引力作用下，他的肋骨有时会被压断。他还遭遇过脑震荡，补的牙丢失，锁骨碎裂，甚至他的胳膊在猛烈的气流冲击中难以动弹，手腕出现了两次断裂。有一次，他自己托扶着伤骨，一个人走回了办公室。但是在斯塔普经历的所有与医疗有关的事中，最让人担心的莫过于他的双眼。

在面朝后坐着的几次实验中，最大的问题就是因血液突然从眼球涌聚至脑后而造成的“白晕”现象。但在后来他面朝前坐着的几次测试中，由于血液涌聚至另一个方向而挤压视网膜，造成毛细血管爆裂，眼睛里面布满了血丝（这让旁观者感觉十分恐怖），形成了“红昏”现象。

几个月以后，斯塔普所在的航空医学实验室的上司才知道发生了这些事，他感到十分震惊。之后，斯塔普被提升为少校（这种安排是为了让他从事一些书面工作），并收到官方确认的 18g 生存极限的提醒。同时，他也被警告停止采用人体进行减速测试（尤其是他本人）。从那时起就划出了底线，如果要做任何活体实验，则可以选择用黑猩猩来做。

但是，这种决定很快就出现了反转。随着斯塔普实验的不断深入的发现，要探索特定航空器类型的刹车系统的不精确性，采用人体测试显然就变得很关键。一些新的设计几乎立刻就需要出笼。一些新的数据证明，面向后部的座椅在发生碰撞时具有优势，这也为人们所认可。正是基于这一点，当时所有的新型运输机上的座椅都是按照这种座位布局来安装的。最具有意义的是，斯塔普揭穿了 18g 为人体承受压力的极限这一谎言。事实上，人体能够承受 30g 或者更大的压力。这就意味着，为了确保人体在很短的时间内承受超出那个极限的压力时的安全性，就必须对座椅、安全带和驾驶舱等进行加固处理。

在接下来对火箭雪橇进行的一系列测试中，为了能够得到更精确的数据，就完全使用了面向前部的新的、更加坚固的座椅安全带。从 1949 年 6 月开始，维兹实验车的利用率被发挥到了极致，有时候斯塔普坐在上面，有时候其他一些志愿者坐在上面，还有的时候是让黑猩猩坐在上面。也就是在这段时间里产生了墨菲法则。墨菲确有其人，他是一名空军工程师，被人们称为埃德·墨菲（Ed Murphy）队长。他之前来穆拉克时，带了一些能经受张力的新的测量仪器，这样就能对维兹实验车减速实验进行更精确的测量。墨菲的一名助手把这些测量仪器安装在斯塔普的安全带上，但是由于疏忽却把其中的两对线路电源接错了，结果只得放弃所有的实验数据。在这一次实验中，斯塔普经历了艰难的过程。实验结束后，斯塔普摇摇晃晃地走下雪橇，双眼布满了血丝，并因失血而感到疼痛。由于接错了传感器的线路，测量仪器的读数为零，也就是说斯塔普的一切努力都白费了。对此，墨菲也感到很不高兴。他因而评论道：“有可能出错的事，就会出错。”后来在一次新闻发布会上，斯塔普引用了这句话，墨菲因此名声大噪。

1951年6月，斯塔普在维兹实验车上进行了他的最后一次尝试，目标是要超过35g。这无疑就是要再经历一次巨大的折磨。实验雪橇在四个火箭喷出强大推力的同时，又要利用所有制动立刻停下来。这个实验雪橇总共用人进行了74次实验，用黑猩猩进行了80次实验。这些实验确定了飞机座椅能承受32g的强度标准要求，这种座椅很快被投入到实际应用中。

4. 地球上最快的人

虽然维兹实验车有助于回答一些关于坠机减速产生的影响的问题，但是又出现了一个新的难题。在1951年之前，还没有一个人能够从超音速飞行的飞机里跳伞脱身并告诉大家其中的故事。对于在跳伞后阵风和减速会对飞行员产生什么影响这个问题，几乎无人知晓。但是飞行员迟早会面对从超音速飞机中逃生这个难题。他们能够幸存下来吗？为了提高他们的逃生概率，又能做些什么呢？

维兹重力实验车的作用已经发挥到了极致。于是在1953年，斯塔普来到了新墨西哥霍洛曼空军基地的航空医学实验室。那儿安装了一条更长的滑道，滑道一直延伸到一个注满水的水坝里。实验者给雪橇装备了一个戽水器，这样它就能根据水的精确深度来产生不同的刹车速度和刹车时间。

诺思罗普制造了一个新的雪橇，并将其命名为“音速旋风1号”。

"音速旋风 1 号"比维兹实验车稍微长点和宽点，能够携带 12 节火箭，总推力达到了 50 000 磅。它采用了两级设计，即当火箭燃料瓶燃烧完毕，它就会从雪橇上脱离，从而使"主体雪橇"在没有额外负载的情况下继续向前冲。从理论上来讲，"音速旋风 1 号"速度能够达到每小时 750 英里，能够释放出可压碎骨头的 150g 压力。

1953 年 11 月，他们在"音速旋风 1 号"上安坐了一个升级版的叫塞拉山姆的人体模型，并且进行了几次测试。几个月之后，斯塔普自己就要在这条新的滑道上进行他的第一次尝试。在坐上雪橇后，他俏皮地对一名记者说："我向你保证，我真不希望这样做。"在点燃 6 节火箭仅仅 5 秒钟之后，"音速旋风 1 号"就达到了每小时 421 英里的极限速度，并以每小时 313 英里的速度冲进了水槽。在 190 英尺的距离里，雪橇减速到每小时 153 英里，制造出了 22g 压力。在很短的时间里，斯塔普感觉自己的体重仿佛达到了 3 500 磅，在半秒钟的时间里他承受住了 15g 的压力。这几乎是曾经在穆拉克做任何类似实验时所产生效应的两倍。"我感觉很好，"实验结束后斯塔普说，"这个雪橇将会成为一个很棒的实验仪器。"

后来的实验证明了这一点。1954 年 12 月 10 日，在利用"音速旋风 1 号"做过许多艰难但富有成效的实验后，斯塔普坐上了雪橇的座椅，开始了他的第 29 次也是最后一次极端的实验。他将冲击进入音速的区域——几乎就是音速——达到 0.9 马赫。他将面对迎面而来的汹涌气流，而保护他的仅仅是一个头盔、一个面罩和一套航空服。他最担心的是他可能会失明。在开始他的最后这次征途之前，他已经开始在没有灯光的情况下练习穿衣和脱衣："万一我失明了，我将会变得无助。"

离这次壮举开始的时间还有 10 分钟的时候，乔治·尼克尔斯把一

图 18　上图：斯塔普在“音速旋风 1 号”上正在为他的创纪录尝试做准备
下图：“音速旋风 1 号”冲进了水槽，在仅仅超过 1 秒钟的时间内，雪橇从每小时 632 英里减速到静止状态

个安装有加速测量器的橡胶牙垫放进了斯塔普的嘴里。随着时间一分一秒地过去，一架洛克希德 T－33 流星追逐飞机飞了过来，它的油门推到了尽头，发出的轰隆隆声音划破了天空，一场竞赛就要开始了。离启动还有 5 秒钟时，斯塔普打开了雪橇上的摄像机，接着就蹲下身子准备迎接那可怕的颠簸。这时，“音速旋风 1 号”的 9 节火箭开始咆哮，喷射出 30 英尺的火焰，沿着轨道把斯塔普抛射了出去，并超过了那架追逐飞机。而此时，那架飞机看起来就像在原地不动一样。就在几秒钟之内，雪橇迅速达到了每小时 632 英里的高峰速度，斯塔普经历了 20g，而迎面向他冲击而来的风的压力几乎达到了 2 吨。紧接着，仅仅在火箭发射喷出气浪的声音刚传到远远观望的人群的耳朵里时，“音速旋风 1 号”就撞击到了水力制动器上，雪橇的两边溅起阵阵水花，最后像是撞击到沙滩上一样停了下来。斯塔普承受住了 40g 的减速度，并且暂时失去了知觉。地面工作人员快速冲向雪橇，他们后面紧跟着一辆救护车。惶恐不安的尼克尔斯快步跳上雪橇，他急切地想确认斯塔普是否还活着。

斯塔普的双眼充满了鲜血，看上去状况很糟糕。“音速旋风 1 号”撞击在水力制动器上，就相当于从 40 000 英尺的高度，以 1.6 马赫的速度跳伞，持续的时间可能是正常情况下的 9 倍。当工作人员把受伤的斯塔普抬到一副担架上时，他甚至很担心自己已经用尽了自己的运气。他对人们说：“这一次，我真的需要手杖和导盲犬了。”但是当医院的外科医生对他进行体检时，他们发现他的视网膜并没有像他们担心的那样脱落。几分钟后，斯塔普就能够看到一些蓝色斑点了。又过了不久，他能辨认出外科医生的手指了。第二天，他的视力已经或多或少地恢复了。

但是，从此斯塔普的生活却不再和以前一样了。他被一些媒体冠以“地球上最快的人”的称号，他也因此成了一个科技名人。他的事迹被刊发在《科利尔和生活》(*Collier's and Life*) 杂志上，成了好莱

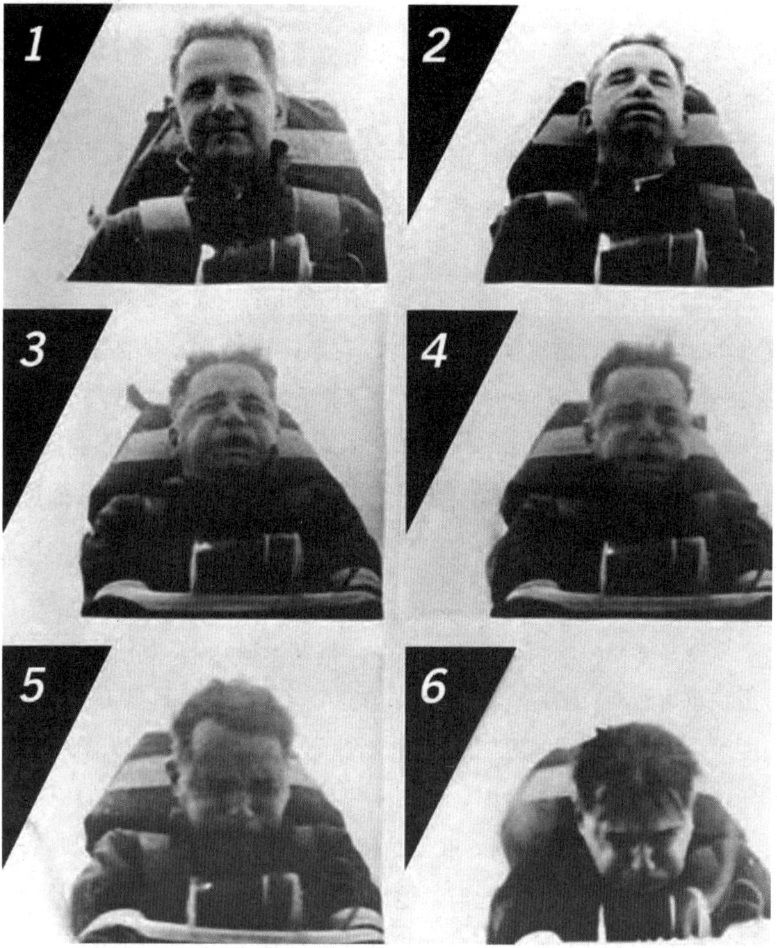

图 19　坐在高速行驶的“音速旋风 1 号”上，斯塔普的脸呈现出不同的表情

坞一部叫座电影的素材，在“这就是你的生活”片段中被予以充分描述。

与此同时，斯塔普宣布了一项要在陆地上打破音障的计划，这就意味着，他要尝试进行一次每小时 1 000 英里速度的实验。但是这些想法对于他的上司们来讲太遥不可及，后来证明他们的谨慎也是有道理的。1956 年 6 月，在进行一次 80g 的测试中，“音速旋风 1 号”脱离了轨道并严重受损。虽然接下来斯塔普想继续进行一项叫作“黛西轨道”的空气动力的雪橇实验，但是利用人体来完成这项实验却被禁止了。斯塔普作为火箭人的时代宣告结束了。

第八章　X 系列飞机飞行员

美国的第一位民用飞机航天员从来就没有登上过太空船。1963 年 7 月 19 日，乔·沃克（Joe Walker）乘坐他的喷气式动力的飞机飞到了 62 英里（100 千米）的高度。这个高度就是所谓的卡门线，也被定义为地球大气层与外太空的边界线。这是一架北美生产的 X－15 飞机，沃克则是想驾驶这出众的 X 系列飞机的备选人之一。另一位 X 系列飞机的备选飞行员就是第一个飞得比音速还快的人，他是查克·耶格尔（Chuck Yeager）。

第一架 X 飞机（X 代表“实验型”）是在第二次世界大战末期的 1944 年，由美国空军和美国航天咨询委员会（也就是美国航空航天局的前身）共同研发出来的。它的目标很明确，就是要突破音障。贝尔飞机制造公司获得了制造这种飞机的合同，并在 1945 年底交付了第一架用于测试的贝尔 X－1 飞机。

人们设计 X－1 飞机的目的，就是要让它的飞行速度像“超速飞行的子弹”一样快，因此它的外形构造就得像一颗带翅膀的子弹那样才有意义。它的机身被模仿成一颗勃朗宁 50 口径机关枪的子弹形状，人们相信这种形状能够确保它在超音速飞行时的稳定性。这架飞机的机身上没有像气泡一样凸起的圆形驾驶舱，因此飞行员的视觉可见范围就很小。事实上，可以想象得到，由于延伸到机头的弧线不是很明显，因而各种各样的仪表盘和开关就像山一般堆积在飞行员的眼前。一旦飞行员坐下来，他根本就看不见后面，而往前看的视程也相当短。

另外还有一个问题：这种子弹形状的设计无法为安装弹射座椅提供足够的空间，如果发生什么意外的话，将如何从飞机上逃生呢？好在侧面还有一个小舱门，如出现紧急情况，飞行员能够挤着身子从那儿逃离。但是他又不得不冒着巨大的生命危险，因为侧舱门后边就是机翼，万一操作不当，他很可能被甩出并撞击到机尾上。最后的选择只能是要么待在飞机里，要么被砸成肉酱，所以X-1飞机的操作程序里没有跳伞这个科目也就不奇怪了。

就推力而言，X-1飞机采用的是喷气式动力。喷气马达有四个燃烧室，可以在同一时间选择点燃其中一个或者是多个。可是一旦被点燃，它们就不得不燃烧完所有的液体油料，或者就是被完全关闭停止下来（喷气油门的控制器是后来出现的）。在四个燃烧室同时点火时，推力将达到最大，但这时X-1飞机的推力仅能维持2分半钟。为了节省这珍贵的燃油，设计者用它来提供动力并创造高速飞行的纪录，而不仅仅是用它来完成常规的起飞并爬升到2万多英尺的高度那么简单的任务。因此，通过一个标准重型炸弹卸扣将X-1飞机锁定在一架

图20 贝尔飞机制造公司的X-1飞机喷焰有着清晰可见的冲击波图案

B-29“超级堡垒”轰炸机上，先由轰炸机搭载着X-1飞机升到空中。

1. 勇往直前

查尔斯·查克·耶格尔的名字近乎意味着贝尔X-1飞机以及突破音障。但是他并不是第一个驾驶这架“飞行子弹”的飞行员，这个荣誉应当归于贝尔飞机制造厂的首席试飞员杰克·乌勒姆斯（Jack Woolams）。1942年9月，年仅20多岁的乌勒姆斯早已成为第一个驾驶战斗机不经停飞越美国东西海岸的人。第二年夏天，他打破了世界飞行高度纪录，他驾驶飞机飞到了47 600英尺的高度。

然而，乌勒姆斯却是一个胆大妄为的恶作剧者。在第二次世界大战期间，他在位于加利福尼亚的军备指挥飞行测试基地（后来成为爱德华兹空军基地的一部分）开展了一个新的贝尔XP-59A项目。不但飞机是美国的第一架军用喷气式战斗机，而且项目是一个绝密工程。因此，当飞机从机库被拖到发动机试车区域时，在机头安装了一个假的螺旋桨来掩盖其本来的面目。但是，乌勒姆斯还是忍不住要利用这个机会搞一场恶作剧，即使这意味着要违反安全规定。1943年秋，有一天在XP-59A执行任务期间，乌勒姆斯注意到在同一个飞行区域里，有一架来自附近飞行训练部队的洛克希德P-38飞机闪电般从空中飞过。他赶紧脱去飞行头盔，戴上一个毛皮口罩和一个短檐礼帽，轻松地驾驶着飞机与P-38飞机齐头并进。当看见一个头戴圆顶窄边礼帽，手上挥舞着一支雪茄，像大猩猩一样的人驾驶着一架造型优美的非螺旋桨驱动的飞机突然出现在距自己的飞机只有20英尺远的距离时，这位P-38飞机的飞行员着实大吃了一惊。

1946年1月，乌勒姆斯发现自己处在一个完全不同的环境中。当

图 21　查克·耶格尔站在贝尔 X－1 飞机旁，他以妻子的名字将它称为“迷人的格伦妮丝”

一架 B－29 轰炸机升到空中 8 000 英尺时，他顺着机舱内部步梯向下爬到了轰炸机黑暗的机腹里，然后钻进搭载在机腹里的贝尔 X－1 飞机那狭小的驾驶舱中。当轰炸机升到 28 000 英尺高度时，开始进入发射倒计时。当倒数到 0 时，这架小型喷气式飞机从轰炸机的机腹下面被释放出来，在耀眼的日光照射下开始了它的首次飞行。最后，它利用无动力滑翔回到了佛罗里达奥兰多附近的潘卡塞军用机场。在第一架 X－1飞机被拖回到贝尔飞机制造厂进行改装之前，乌勒姆斯至少完成了 9 次类似的飞行测试。从 1946 年 9 月开始，又进行了一系列新的测试。但是这之后的测试飞行，则是由另一名飞行员来操纵的。

1946 年 8 月底的时候，乌勒姆斯驾驶着一架贝尔 P－39 战斗机飞越了安大略湖上空。P－39 战斗机是美国在第二次世界大战期间最为成功的单座战斗机中的一种。乌勒姆斯是在为即将在克利夫兰举行的美国航空飞行竞赛做准备，他驾驶的 P－39 战斗机的飞行速度达到了每小时 400 英里。突然，难以预料的事发生了。飞机失去了控制，一头栽进了深水里，机身因猛烈撞击而解体。4 天之后，人们才找到乌勒姆斯的遗体。

贝尔 X－1 飞机的实验不久又被恢复了。但是在第二年夏天，空军对这个项目的进展显得不再有耐心了。为了回应空军所担心的突破 1 马赫（音速）的工作进展缓慢的问题，贝尔飞机制造公司开始全力以赴。后来，贝尔公司的实验合同被取消了，该项突破音障的工作则被转交给了美军空军飞行实验大队（美军空军在 1947 年 9 月独立成军，后来该名称中的“美军”一词很快被摘掉了）。这时候，查尔斯·查克·耶格尔就成了新的首席试飞员。他是二战的老兵，拥有令人吃惊的精准 20/10 的视力（这使他曾经在 600 码①远的距离射中过一头鹿）。二战期间，在众多行伍出身的军官中，他是第一个驾驶P－51飞机的飞行员，并在一次单独任务中“一战出名”，当天就击落了 5 架敌机。他也是少数几个参加过盟军作战的飞行员之一，曾击落过一架德国梅塞施密特 Me262 战斗机。

2. 突破音障

驾驶 X－1 飞机几个月之后，耶格尔飞得越来越接近音障速度了。当速度达到 0.95 马赫（音速的 95%）时，由于紊流聚集在机身周围，飞机开始剧烈颠簸。当飞机最后达到超音速时，没有一个人知道接下来会发生什么情况，因为他们没有任何有用的风洞实验数据。之前把一些模型放进风洞里进行过实验，会发生什么状况完全取决于以音速

---

① 1码约为 0.914 4 米。

流动的空气。但是当速度达到0.9马赫时，在模型上形成的震动被墙轻易地反弹回来，并阻碍了空气的流动。那么在低于音速10%和高于音速10%的时候，究竟会发生什么状况呢？这或多或少还是一个谜团。

“音障”这个专业术语是在第二次世界大战期间首先使用的。当战斗机飞行员以接近音速的速度高速俯冲时，他们注意到了一些不正常的现象：空气的阻力明显地增加了，比正常加速飞行时的阻力要高很多；同时，在爬升时，机动性能也以类似的不正常方式降低了。当时的飞行员都错误地认为，这些反应就意味着超音速飞行是不可能的。无论如何，飞机绝不可能飞得比音速还快。

1947年10月14日，星期二，按计划安排耶格尔进行下一组贝尔X-1的飞行。尽管当天并没有设定目标要超越音速，但是每一个参与这个项目的人都带着一种预期，大家都想知道这架飞机到底能有多接近音障速度。但是就在飞行前的一个星期六，耶格尔和他的妻子格伦妮丝骑马出去玩时，耶格尔不小心撞在横在马路上用于封闭道路的一个篱笆上。他从马背上摔了下来，两根肋骨被摔断了。他非但没有向航医报告他的伤情——如果那样他就会面临停飞的风险，反而和他的伙伴杰克·雷德利（Jack Ridley）决定隐瞒实情。驾驶飞机不会是什么问题，问题是由于身体右侧受伤，耶格尔就不能够用他的右臂去关驾驶舱门。于是雷德利锯了一根10英寸长的扫帚柄给耶格尔。这样一来，耶格尔坐进驾驶舱后，就能够用扫帚柄去推这个机械结构的门来锁门。

当B-29轰炸机飞到8 000英尺高度时，耶格尔爬进了以每小时250英里的速度流动的气流中。他顶着刺骨的气流，极力弯曲着身子，痛苦地爬进了那个黑暗狭小的驾驶舱中。在掉进昏暗无光的环境里几分钟之后，他就大踏步地跨进了史册。耶格尔点燃了所有四个发动机燃烧室，当爬升到 35 000 英尺时，他关闭了其中的两个燃烧室。他接着爬升到 42 000 英尺后，才将飞机改成平飞，然后点燃了第三个燃烧室。当马赫表显示为 0.92 马赫时，他经历了正常的颠簸。但在 0.97 马赫时，指针突然跳出了刻度（刻度表上最大的刻度数值标示为 1.0）。起初，耶格尔还以为是仪表出现了故障，他通过无线电对地面说："它这样让我感到精神错乱啊!"而地面上的人们则听到了"砰"的一声巨响，这不是 X－1 飞机解体的声音，而是飞机突破音障发出的声音。突然，颠簸停止了，耶格尔驾驶着这架喷气式飞机飞到了 1.07 马赫（约每小时 650 英里）。之后他驾机滑翔飞回了基地，知道这一成就的人们都争相前来祝贺。但是 X－1 是一个机密项目，直到第二年的 6 月，这条突破音障的新闻才被公之于众。

3. 生死挑战 2 马赫

超音速飞行变成了现实，人们对于音障的担心也逐渐消失了。但是依然存在一股冲击更快速度的强烈冲动，这对于在太空领域的探索依然重要，而对开发出新型的和高性能的战斗机而言更为重要。

因此，研发新型的 X 系列飞机的工作就开始了。其中就有机翼后掠式的贝尔 X－2 喷气式飞机和机身纤细、喷气驱动的道格拉斯X－3实验机。最初的贝尔 X－1 飞机的速度后来也达到了每小时1 000英里，并且还演化出许多其他的机型。1953 年 12 月 12 日，耶格尔驾驶着贝尔 X－1A 系列中的一架飞机，突破了 2.4 马赫，创造了另一项速度纪录。但是在这一次尝试中，情况严重得几乎要失去控制，好在耶格尔凭着自己的经验最终化险为夷。

贝尔 X－1A 大概比老式 X－1 飞机长 7 英尺，并且能够携带近乎两倍的油量，这样它就能有更多的时间来加速飞行。经过三次飞行以后，耶格尔已经能够驾驶这架飞机达到 1.9 马赫了。第四次飞行开始的时候一切都很正常，四个喷气燃烧室都点了火，推动着飞机倾斜爬升。飞机先是爬升到 60 000 英尺，接着到 70 000 英尺，最后到了80 000英尺。这时，贝尔 X-1A 飞机正在突破 2.3 马赫，并且每隔一秒钟就额外增加每小时 30 英里的速度。突然，飞机开始偏转，机头往一边倾斜过去。耶格尔马上做出了反应，他不断踩着方向舵，尽力让机头回到航线上。但是这并没有产生什么效果。机头倾斜得更加严重了，外侧机翼也开始向上翘起。情势立刻变得危急起来。飞机开始横滚，紧接着又上下摆动，最后机头又向上翘了起来。由于驾驶舱的座舱盖承受了极大的压力，最后座舱盖爆裂了。耶格尔完全暴露在寒冷和稀薄的外界空气中，他身上穿的压力服膨胀了起来。

X-1A 飞机在猛烈地翻滚着，仿佛它就是你所能想象到的那疯狂的过山车。它每秒钟旋转两次，耶格尔承受住了 9g 的压力。连续在天地之间变换已经令人头晕目眩，但关键是耶格尔还要保持意识清醒，对发生的一切都保持着警觉。当 X-1A 飞机耗尽燃油时，它逐渐慢了下来，停止了横滚。耶格尔看到天在自己“脚下”，而地平线一直在不停地旋转，他这时才意识到自己在一个倒置的空间里水平螺旋旋转着，并经历着反向地心引力。情况虽然不妙，但是他至少知道接下来该做什么。试飞员们已经习惯于调整手刹杆使飞机进入旋转模式，他们都非常清楚让它停下来的操作程序：依据旋转的方向调整副翼（在每个机翼后缘上面铰接的一个可以活动的结构），然后踩方向舵就可以从旋转中摆脱出来。这样做的确能产生作用。从飞机在80 000英尺高度开始偏转，到在 25 000 英尺高度耶格尔摆脱旋转的整个令人煎熬的过程，虽然仅仅持续了 51 秒，但是却让耶格尔饱尝了肠胃翻江倒海的滋味和与死神搏斗的艰难。在整个过程中，耶格尔不得不经受住因座舱盖破碎而暴露在亚北极区高空中的寒冷和压力服膨胀带来的重重困难。现在，他终于安全回家了。他环顾了一下四周，找到了着陆地标，那就是离基地约 50 英里的罗杰斯干湖，最后他被引导着飞回了基地。X－1A 飞机完成了它的第一次也是仅有的一次突破 2 马赫的短程飞行。

4. 飞临太空边缘

在所有已经建造的和将继续建造的几十架 X 系列飞机中，X－15 飞机取得了跟 X－1 飞机一样的传奇成就。X－15 飞机也是一种喷气式飞机，但是它的最高飞行速度是音速的 2.5 倍，最后达到了 6 马赫，并且在一些任务中有那么几分钟它飞得还相当高。它不应该被视为飞机，而应该被视为高出地面 50 英里或者 60 英里而穿越太空的太空船。由符合美国空军太空飞行标准的 8 名飞行员驾驶 X－15 飞机飞行了 13 次，这为飞行员赢得了“宇航员”的称号。

X－15 飞机是由美国空军、美国海军和美国航空航天局合作研发的一个项目。它的机身是由北美航空制造厂制造的，发动机由 Reaction Motors 公司提供，这架 50 英尺长的飞机是第一架专门为满足超音速（超过 5.5 马赫）飞行需求而设计的。楔形的尾翼剖面在高速飞行时能增强方向的稳定性，这种效果是传统的机翼剖面所不能达到的。巨大的上下垂直安定面和向下倾斜的粗短机翼，能够使飞机在高空大坡度爬升时保持稳定性。

稳定性仅仅是超音速飞行面临的许多主要挑战中的一个而已，另一个挑战就是在高速飞行时因空气摩擦造成的过热问题。设计者们都知道，飞机的一些部位比如机头和机翼前缘，将经受超过 650 华氏度的高温。因此，他们需要寻找一种能够经受住这种高温强度的金属。最后，他们选择了钛和耐高温的镍铬合金，其合金被叫作镍铬钛合金 X。

像贝尔 X－1 一样，X－15 也是由一架巨大的 B－52 轰炸机作为母舰搭载升到 40 000 英尺的高度。在从母舰上被释放之后，它那强有力的喷气式发动机能持续点火约 85 秒钟，在这段时间内要燃烧 15 000 磅的燃油，推动飞机和飞行员加速到 4g。从母舰释放飞机到飞机着陆，整个飞行过程将持续 12 分钟。

在驾驶过 X－15 的人中就有尼尔・阿姆斯特朗（Neil Armstrong），

图 22　尼尔・阿姆斯特朗与 X－15 飞机

他是第一个登陆月球的人。还有一个不太出名的人是约瑟夫·沃克（Joseph Walker），他是美国航空航天局的一名试飞员，曾创造过一项引人注目的纪录，他也是第一个有两次飞入太空经历的人。

图 23　牛仔打扮的约瑟夫·沃克正离开他的 X-1A 飞机

作为一名二战老兵，沃克是在宾夕法尼亚州的一个农场中长大的，他很早就在工程学方面表现出了天分和对这方面知识的渴望。二战后，他作为一名实验物理学家加入位于俄亥俄州克利夫兰的美国航天咨询委员会的航空器发动机研究实验室工作。后来，他成为爱德华兹飞行研究设备中心（就是现在的屈莱顿飞行研究中心）和爱德华兹空军基地的一名试飞员。在那儿，他飞过许多的实验飞机，其中就包括 X-1

和它的衍生机，以及后来的X系列机。

1958年，沃克被挑选出来加入美国空军的“人类步入太空计划”项目，这个项目的目标就是要在苏联之前把美国人先送入太空。但是几个月后，这个项目被取消了，并由美国航空航天局的水星计划代替。在“人类步入太空计划”这个项目中，仅仅有两个人能够继续从事步入太空的工作，这俩人就是尼尔·阿姆斯特朗和沃克。他俩也是为数不多的被选中驾驶登月飞行器的人，这个登月飞行器能够模拟阿波罗登月舱着陆到月球表面的过程，是一种很难操作而让人诟病的奇怪机械装置。1964年10月30日，沃克成为第一个乘坐这个登月飞行器起飞的人。但是他只飞行了三次，在总计不到1分钟的时间里只飞到了10英尺的高度。

1960年，沃克成为美国航空航天局第一个飞行X-15的飞行员，也是继斯科特·克罗斯菲尔德（Scott Crossfield）之后代表制造商——北美航空制造厂——做X-15飞机首次测试的第二个飞行员。当沃克第一次驾驶X-15飞机飞行时，他被这架飞机强劲的加速度震撼到了。发动机刚一点火，他就被冲撞到了座椅上。他嘴里不自觉地喊道：“哦，我的上帝!”然而飞行管制员却平静地回答道：“怎么了？你在呼叫吗?”

沃克驾驶X-15连续飞行了20多次，并且在美国空军和国际航空联合会（FAI）的见证下，于1963年连续两次飞行高度超过了62英里（100千米），这个高度被认为是太空的边缘。7月19日，他创造了65.8英里（105.9千米）的飞行高度，一个月后又刷新达到了67英里（107.8千米）的高度。这两次飞行的速度都超过了每小时3 700英里。第一次飞行使沃克成为进入太空的第一位美国人，同时也是历史上继苏联瓦莲京娜·捷列什科娃（Valentina Tereshkova，她在环太空轨道飞行时尚未在军队服役）之后的第二位民用飞机宇航员。他的第二次飞行使他成为两次进入太空的第一人（按照美国空军和国际航空联合会的规则）。直到 2004 年维珍银河号太空船呼啸着飞到 69 英里以上的高度之前，尚未有载人飞机打破过沃克驾驶 X－15 飞机创造的高度纪录。

图 24　在驾驶 X－15＃2 飞行之后，沃克与飞机合影

1966 年 6 月 8 日，为了给美国空军拍摄宣传照片，沃克驾驶着一架 F－104 星座式战斗机与其他的高性能飞机一起列队飞行。他在一架 XB－70 瓦尔基里原型轰炸机下面，努力保持着离它 70 英尺的边距。不知怎么的，他误判了自己的位置，也有可能是他飞进了其他飞机的尾部涡流中，他驾驶的星座式战斗机越来越靠近 XB－70 轰炸机的右翼尖，紧接着双机相触并发生了碰撞。星座式战斗机开始胡乱翻滚，滚到了轰炸机的上部，不幸地撞在了它的垂直安定面上，瞬间机体粉碎并发生了爆炸，沃克就这样牺牲了。

第九章　敌意的天空和令人叫绝的跳跃

对于大多数人来说，做各种各样的高空跳伞是一件可怕的事情。如果从 20 英里的高度往下跳，则更令人感觉不可思议。在那个高度，地球的曲线清晰可见，甚至在白天，天空也是黑色的。试想，在高空中，在稀薄的空气不足以减缓下降速度的情况下，一个人纵身一跳，以音速从高空跳落下来，那将是一副怎样的场景？美国空军调查的部分材料证明，约瑟夫·威廉·基廷格二世（Joseph William Kittinger Ⅱ）创造了历史上高度最高、时间最长和速度最快的空中跳伞纪录。基廷格是一个坚强、瘦小而又结实的飞行员（由于身材矮小，他被人取绰号“小约瑟夫”），他染着一头让人吃惊的橘黄色头发，脸上一直带着迷人的微笑。他创造的这些纪录持续了超过半个世纪，直到 2012 年才被人打破。

从孩提时候起，基廷格的身体里就流淌着飞行员的血液。他于 1928 年出生在佛罗里达州的坦帕市。在他刚满 18 个月时，他就跟随父亲第一次乘坐了一架福特全金属的三引擎飞机。在成长的岁月中，他一直痴迷于建造模型飞机，他从不怀疑自己在将来的某一天会成为一名飞行员。随着年龄的增长，他开始参加快艇比赛，后来又学会了驾驶 Piper J－3 Cub 飞机。在佛罗里达州立大学学习了两年之后，他在 1949 年报名参加了美国空军，并在第二年获得了飞行员资格。他的惯用伎俩就是“总是当志愿者”，你甚至都不知道他接下来将会说怎样的谎言。在朝鲜战争刚开始时，他志愿要求去韩国参战，却被分配到德国的拉姆斯坦恩空军基地。

一到欧洲，基廷格就开始驾驶 P－47 Thunderbolts 战斗机（这是二战时美国的主力战斗机之一），后来拉姆斯坦恩空军基地的这些战斗机被F－84 Thunderjets 战斗机取代。1952 年，他志愿要求成为北大西洋公约组织（NATO）在哥本哈根的一名试飞员。在那儿，他开始飞行一种叫作 F－84G Thunderjet 的能够携带核炸弹的改进型新型战斗机。这段经历激发了基廷格作为试飞员的兴趣，于是在 1954 年，当他被重新分配工作时，他申请加入位于新墨西哥州阿拉莫戈多的霍洛曼空军基地的研究和发展指挥中心工作。他的这次选择，促使他在几年后步入太空边缘，创造了航空史上富有传奇性的一段冒险经历。

1. 从英雄走向零重力

在霍洛曼空军基地，基廷格驾驶过航空爱好者所梦想的各种实验用的高性能飞机，其中就包括速度能达到 2 马赫的洛克希德F－104星座式战斗机。通过与火箭雪橇英雄和航空航天医师约翰·斯塔普之间的友好关系，他有幸参与到了关于太空环境怎样影响人类的一些实验中。

20 世纪 50 年代中期，每一个人都认为，人类进入地球轨道以及更远的太空的时间不会太长了。但是人体会对失重做出怎样的反应呢？如果宇航员只穿了一件特殊的太空服，却不得不从他们的太空舱逃生到寒冷刺骨的真空中，那么他们能否在这么长的时间中存活下来呢？在人类的第一支火箭发射升空之前，科学家们需要找到一些方法去验证这些事情。

不幸的是，重力不可能被关闭掉。但是，如果以一种特殊的方式去操纵飞机，就可以在短时间内制造出失重的效果。这种技术是在20世纪40年代后期由德国物理学家亨氏·哈伯（Heinz Haber）及其胞弟弗里茨（Fritz）首先提出来的。20世纪50年代早期，著名的X系列飞机超音速试飞员查克·耶格尔和斯科特·克罗斯菲尔德就使用哈伯提出的方法模拟过零重力的效果。只要开足马力，驾驶飞机向下倾斜俯冲，接着拉起机头向上爬升，就形成了一个巨大的抛物线，这时处于顶端的飞机就有一段极其珍贵的时间，能够让人感觉到奇特而又令人兴奋的失重感。在超音速飞行时代的早期，试飞员们都会在飞到高处时去展示一下这种特技。因为这样做很有趣，他们也只是闹着玩玩而已，但是还从未有人用它来做正式研究。

1953年，基廷格答应了物理学家大卫·西蒙斯（David Simons），在霍洛曼空军基地飞一些无重力的抛物线来做科学研究。西蒙斯早就已经有在人体火箭雪橇和早期将动物发射到高空等实验方面的经验。基廷格和西蒙斯驾驶一架F-89蝎式拦截机开始了他们的第一次无重力飞行任务。基廷格很快就飞出了一个完美的抛物线，并且尽最大的努力延长无重力的间隔时间，几乎达到了半分钟。

这俩人完全沉浸在了飞行中，以至于他们都没有注意到已经飞行了两个小时，并且燃油也越来越少了。事实上，他们早就已经启用了备用燃油。后来基廷格才意识到，他们不但需要直接返回基地，而且要请求紧急着陆。过了一会儿，情况变得更加糟糕。2号发动机的燃油供给泵失效，他们只能依赖一台发动机飞行了。基廷格驾驶着F-89对准了跑道并要求着陆，但是塔台拒绝了他的请求，因为这时另一架飞机已经切入五边，正在进近着陆中。“谢谢指令，”基廷格说，“我要落地了。”就在这时，他发现飞机的起落架上出现了一些状况。根据仪表指示，飞机的起落架并没有放下来和锁定位置。他快速地倾斜转弯，几乎要与一架迎面而来的佩刀喷气式战斗机相撞，他又赶紧对准了另一条跑道。就在燃油指示器读数显示为零时，他已经没有任何选择了，只能强行着陆，也顾不上有没有放下起落架了。幸运的是，起落架指示器撒了个谎，其实所有的轮胎都已经放下并处在卡位上，基廷格这才能够安全地驾机着陆。在着陆仅仅几秒钟后，剩下的那台发动机在发出几声“噼噼啪啪”的声音之后就熄火了，它用尽了最后一滴油。基廷格转过身来对着西蒙斯露齿笑笑，说了些听起来像是“幸运”之类的话。

2. 进入太空

飞机将飞得越来越高，人类显然要学习更多关于如何对太空环境做出反应的知识，一些研究课题就不得不做得更加深入和更加长远。飞行员将不得不深入冒险进入同温层，在那儿一口气待上几个小时，这样才能够在他们身上做一些精确的生理学和心理学的测量。在第一艘载人火箭升空之前，唯一可能的办法就是利用高空探测气球来进行实验。1955 年，基廷格和西蒙斯都被邀请参加了一项被叫作“人类进入太空计划”的项目。他们将被送入接近大气层 99%的高度的地方，这是一个人类从未涉足过的领域。这俩人都毫不犹豫地志愿要求参加这项活动。

在他们被允许执行这个步入太空的任务之前，他们还要做大量的前期准备工作。他俩不得不学跳伞，不得不在减压舱中忍受模拟的 100 000 英尺高度的大气层的考验。在所有的事情当中，最恐怖的是他们得蜷缩在这个项目中用来做实验的一个圆柱体金属太空舱中，要待在里面一整天而不许说话。那里面空间狭窄，宽度仅容一个人的肩膀。对于飞行员来说，坐在原地不动，空间还算够用。但如果一小时接着一小时，一直待在这个密封增压的容器里，对任何一个经历幽闭恐惧症带来的阵阵刺激的人来说，都是一个极其恐怖的梦魇。为了做情景恶化实验，飞行员不得不穿上一套跟高空喷气式飞机飞行员穿的类似的部分增压的太空服。这个特意制作的很小的外套，穿起来极不舒服，目的就是向脑部充血。这套太空服的设计理念是，万一太空舱在高出地面几英里处发生泄漏，太空服里的氧气就会像血压测量仪一样挤压人体，帮助飞行员长时间保持意识清醒，从而寻找机会下降到安全的高度。在最初的时候，基廷格需要一些辅导来克服被困在太空舱里面时的焦虑情绪。后来，西蒙斯和基廷格两人都成功地克服了幽闭恐惧症并经受住了减压测试，而且都通过了跳伞训练科目。现在，他们已经为步入星际旅程做好了准备。

基廷格是第一个执行“1 号太空计划”任务的人。1957 年 6 月 2 日，过了午夜 30 分钟后，基廷格来到了明尼阿波里斯市的维仁研究中心，实验用的太空舱和气球都是在这里制造出来的。基廷格进入太空舱之后，就被密封在里面了，接着卡车拖着太空舱来到了南圣保罗的弗莱明机场做升空准备。人们正在向一个巨大的、蝉翼般薄的气球里充氦气，随着氦气的不断充入，气球开始膨胀起来，慢慢地离开了地面。在准备释放气球时，气球在地面上达到了 200 英尺高，35～40 英尺宽。在上升过程中，随着周围空气压力的下降，气球的宽度将会膨胀到 250 英尺。在被禁锢在这个恐怖而又狭小的空间 6 个小时之后，基廷格和太空舱开始一起升空，向着同温层飞去。

在升到空中 20 分钟后，基廷格的无线电装置出现了故障，这就意味着他不能发送语音信息，而只能接收语音信息了。于是，他不得不使用摩尔斯电码来回复所有的信息。在升空 1 小时 30 分钟后，气球到达了高出海平面 95 200 英尺的最大高度，这是人类一项新的高度纪录。但是紧接着基廷格遇到了更多的麻烦。座舱压力调节器发生了故障，这就造成给基廷格的氧气输送速度比计划快了很多。一条来自地面控制的信息说，需要终止飞行，是该返回基地的时间了。基廷格通过敲击摩尔斯电码回复道："快来接我。"一直在监控基廷格身体和精神压力状况的西蒙斯认为，基廷格此时正在经受大家所知的"分离现象"。这是一些飞行员在高空飞行时报告的在脱离地球时出现的一种幻觉，或者说是迷失了方向。但是基廷格并没有感觉到什么不对劲。他依旧开着玩笑，尽管他后来承认，如果他知道有"分离现象"的担忧，他就不会说那些玩笑话了。下降进行得很顺利，在发射升空超过 12 个小时后，太空舱降落在发射点东北方向 65 英里处的一个河边开阔地带，"1 号太空计划"就这样安全地结束了它的任务。

5 个月后，西蒙斯执行了"2 号太空计划"，他创造了 101 500 英尺的新的高度纪录，并且经受住了对精神和身体持续进行的 32 个小时的考验。第二年，他们选择了另一位志愿者来执行"3 号太空计划"，他就是来自空军的克利夫顿·麦克卢尔（Clifton McClure）中尉。这次飞行成为太空计划的最后一次飞行，飞行高度达到了 100 000 英尺。

3. 从同温层下跳

对于基廷格而言，太空计划仅仅是乘坐气球到太空边界进行几次特别旅行的序曲而已。一种飞得更高的新生代飞机开始服役了，其中就包括 U－2 侦察机，它能够在相当高的高度上巡航飞行。美国空军担心的是，在如此高的高度，万一发生意外而不得不跳伞的话，飞行员是否还能够存活下来。一些人体模型的测试表明，在这样一个空气非常稀薄的高度上，跳下来的人可能要进入每分钟超过 400 转的水平旋转中，这将使人立刻失去意识。那么接下来就需要进行一些新的跳伞测试，从而使跳伞者在从几英里高接近真空的高度上自由落体跳下时，随着空气逐渐变得稠密，能够稳定地下降并顺利地打开降落伞。在俄亥俄州代顿市的赖特·帕特森空军基地的太空医学研究实验室里，斯塔普被安排负责这项被叫作“艾克塞西奥计划”的新的气球研究项目。

在太空计划中，飞行员被关在一个密闭的太空舱里，待在里面不能出来，直到返回地面，而“艾克塞西奥计划”则不同，这个计划中的太空舱上有一个出口，这样在指定的时间和高度，坐在太空舱内、身背跳伞装备的人就能轻易地前倾身体，从几英里高的高度上纵身跳向地球。如果太空计划对患有幽闭恐惧症的人来说是一个糟糕的选择，那么“艾克塞西奥计划”对患有恐高症的人来说也算是一个可以逃避的选择。就在你靴子前几英寸的不远处，就是那空旷虚无的、黑暗而没有空气的世界，外界的温度达到了零下 110 摄氏度。为了能在这种环境中幸存，基廷格不得不穿上一套全增压太空服，额外还要套上一层保暖服，再加上跳伞装备，全部重量几乎是他自重的两倍。

基廷格在“艾克塞西奥计划”的第一次和第二次任务中，从大约 75 000英尺高的高度上成功地完成了两次跳跃，但是第一次任务差点以灾难收尾。当到达指定的跳离高度时，基廷格发现自己无法从座椅上站起来。原来是装有饮用水的瓶子在被冻住后发生了膨胀，将他卡在位置上了。经过 11 秒钟的努力，他终于挣脱了出来。但是在挣脱的过程中，他不小心触发了稳定降落伞的定时器。这就造成在他跳下并获得足够的速度正确启动降落装置的其他部分之前就打开了降落伞。

结果是主伞缠绕在了他的脖子上，他已经无法解开绳索了。这时他失去了控制，开始进入每秒 2 圈的螺旋下降，并在绝境中经受了 22g 的重力。随着血液从脑部排出，他逐渐失去了意识。如果不是他的装备中安装了一个易于操作的小机关，他肯定会就此亡命。当大气压力到达一个特定水平时，这个小机关触发了降落伞上的一个自动开关，到达 11 000 英尺的高度时，自动开关打开了备用降落伞。在1 000英尺时，所有的伞都打开了。基廷格安全地飘降到了新墨西哥的一片沙漠中。

“艾克塞西奥计划”第一轮的两次跳跃完成了，那么现在就该是做一次重大跳跃的时刻了。1960 年 8 月 16 日，基廷格和其他组员在凌晨 2 点钟就起床了，他们开始给即将送他们升空的氦气球充气。为了把溶解在血液中的氮气排掉，防止因快速上升而造成可怕的身体“弯曲病”（减压病），从凌晨 4 点钟开始，他连续吸了两小时的纯氧。接下来，他就要经受严峻的考验了。他先是穿上一层保温服，这样当他待在暴露的吊舱时，保温服能够把他跟零度以下刺骨的寒气隔离开来。最后，他穿上了一件薄的增压服和一个能够额外提供氧气的密封的头盔。为了防止出汗，他一直待在一间有空调的房间里，直到最后出发，因为身体上的任何湿气都有可能在上升过程中凝结成块。

当氦气球完全充满气并达到海平面压力时，这个氦气球被放飞了，基廷格踏上了征程。在上升过程中，正如前两次执行任务时一样，首先困扰他的就是刺骨的寒冷。当上升到 40 000 英尺高度时，他发现他右手上的手套并没有充气，他这时意识到身上的增压服出现了部分故障。周围的空气压力不断下降，直到最后不再有压力，他那没有受到保护的手快速肿胀，几乎比正常的手大了两倍。这就意味着，在剩下的飞行时间里，他不能用这只手干任何事了。如果他把这种情况告诉地面的医生，他知道他肯定会被召回去，这样一来，就没人能保证还会有另一次飞行。于是他就闭口不言。幸运的是，增压服的其余部分一直处于不错的工作状态之中。

1小时30分钟之后，气球飞到了最高临界点，现在是他该走出去的时刻了。基廷格浏览了一遍有46个步骤的检查单，然后给地面的工作人员发出了最后一条无线电信息："我头顶上的天空浩渺无边，人类不可能征服太空。人类可以生活在其中，但是永远不能征服它。"话一说完，他就拔掉了气球上与地面同事取得联络的通信电源。他现在完全自由了，在102 800英尺的高度（几乎有20英里高），这是来自地球的人类之前从未达到过的高度。所有能决定他是生存还是快速死亡的，就是他背上的增压服和跳伞装备了。

站在吊舱的门沿，他能从各个方向看到下面400英里的地方。在他的脚下，远远的是一片迷人的白色云海。在他的头顶，是一片漆黑的世界。刺眼的太阳光照射了过来，他很难看清楚挂在天边的星星。他所能够听到的就是他自己的呼吸声。

在最后看了一眼这迷人的景色之后，基廷格纵身跳了下去。他在空中翻了一下身，为的是能够看到那个飞速奔向太空深处的气球。而实际上，是基廷格正在以迅疾的速度向下快速坠落。在穿过90 000英尺的高度时，他下降的速度就达到了每小时614英里（虽然没有突破音速，但是已经非常接近了）。他手腕上的高度计量表以令人眩晕的速度旋转着，但是由于空气稀薄，没有气流，也没有能判断运动速度的地标，因而他对自己下降得如此之快并没有任何感觉。

从高空中跳下过了4分30秒后，他的主降落伞打开了。8分钟之后，他一回到坚实的大地上，就被那些狂喜的队员簇拥起来。那一天，他从吊舱上跳下来，穿过大气层打破了多项个体世界纪录：最高的上升高度、最长的自由落体时间、最长的跳伞下降距离和最快的下降速度。

4. 自由的天空

尽管在大多数人心中，基廷格创造了一些引人注目的成绩，但是比较而言，可以毫不夸张地说，在“艾克塞西奥计划”之后，他在后面的职业生涯中表现平平。基廷格回到了霍洛曼空军基地，参加了另一个叫作“观星计划”（Project Stargazer）的高空实验。1963 年 12 月，他和天文学家威廉·C. 怀特（William C. White）乘坐载有科学实验设备的、吊舱开放式的氦气球，飞到了 82 200 英尺的高度。这个高度在大气对流层之上，他们在那儿待了超过 18 个小时，做了一些天体观测的任务。作为哈勃太空望远镜早期的探索，“观星计划”推动了当时的技术发展，尤其是在保持望远镜系统的稳定性应用和在制造前所未有的载重更大的气球方面。

经过 10 年的科学研究之后，基廷格又回到了他作为战斗机飞行员的日常工作中，并在越南战争期间执行过三次战斗任务。1972 年 5 月，就在他的第三次任务即将结束前的一周，他驾驶的 F－4D 幻影战斗机在越南北部被一架米格－27 战机击中。基廷格和他战机上的射击手威廉·赖希（William Reich）被迫弃机。他们跳伞降落到一个村庄附近，被一群愤怒的人包围了。基廷格后来回忆道：“就在第一分钟的时间里，我有两次几乎被干掉。一次是被一个老太太，还有一次是被一个手里拿着大砍刀的小孩。”这两人被关在臭名昭著的河内希尔顿战俘营的一个监牢里，遭受了 11 个月的磨难。在他们隔壁的牢房里，则关着后来成为参议员的约翰·麦凯恩（John McCain）。基廷格一直坚守着

图 25　约瑟夫·基廷格从 102 800 英尺（31 300 米）的高度跳下，完成了创纪录的空中跳伞

自己的信念，他要乘气球完成一次环球飞行。

图 26 在约瑟夫·基廷格完成破纪录的跳伞落地后，救助人员及时赶了过来

基廷格被释放以后又回到了美国空军部队。1978 年，他以上校的身份退役。从那以后，他不断参加气球飞行、巡回演说，从事与飞行有关的各项活动，并驾驶各种类型的气球打破了多项远距离纪录。近期他加入了一支队伍，帮助一个叫菲利克斯·鲍姆加特纳（Felix Baumgarter）的奥地利人，成功创造了一项高度最高的跳伞纪录。这项纪录比他自己之前创造的纪录还要高 4 英里。

基廷格和鲍姆加特纳空中下跳对比		
	基廷格	鲍姆加特纳
跳下时的年纪	32 岁	43 岁
职业	美国空军机长	前奥地利军事跳伞兵
先前的跳伞次数	32 次	2 500 次
跳下时的高度	102 800 英尺	128 100 英尺
下落最高速度	614 英里/时（0.9 马赫）	834 英里/时（1.24 马赫）
上升使用的运载工具	非增压吊舱	增压太空舱
使用的气球	300 万立方英尺的氦气球，184 英尺高	3 000 万立方英尺的氦气球，335 英尺高
装备	空军标准的部分增压服	专门定制的增压服
支援机构	美国空军	“红牛”能量饮料制造商

第十章 极端实验

过去，一些宇航员用“虐待”和“恶毒”等词语来形容他们在训练过程中遇到的一个最令人感到不安的实验装置。《时代》周刊杂志则把它描述成“可怕的旋转木马”。这个备受质疑的东西就是“约翰逊维尔人体离心机”，它是当时地球上同类机器中最大的也是动力最强的实验装置。

在经常坐人体离心机而将自己置身于最恐怖的考验的人当中，并不都是像宇航员约翰·格伦（John Glenn）或者艾伦·谢泼德（Alan Shepard）那样的名人。他们都是些在后台工作而不为人所知的物理学家、工程师或技术员，他们的工作就是为将要进入太空的飞行员们做各种测试工作。在这些不为人所知的志愿者当中，就有医学技师阿特·刚德纳（Art Guntner）和心理学家 R. 弗拉纳根·格雷（R. Flanagan Gray）。尤其是弗拉纳根·格雷，他是“铁女架”的发明者。“铁女架”就是臭名昭著的人体离心机的一个辅助装置，它的名称来自中世纪的一种刑具。

在人类开始进入太空时代之前，没有人知道在进入和离开太空时，人体是否能够经受得住这种艰难的磨炼，更不用说太空环境本身对男、女宇航员会带来一些伤害了。坐在强劲动力推动的火箭上被送入太空轨道，在长达几分钟的时间内，宇航员会感到自身重量比在地球上要重很多。当返回地球时，经受的重力将会更大。在地面上进行的一些实验和部分飞行员驾驶飞机做极端的飞行动作的经历表明，人体在短时间内是能够承受住超重力的。但是对于太空旅行者来说，当加速进入太空轨道和减速返回地球的时候，他们究竟能够承受多长时间呢？他们还能够照样操作他们的飞行器吗？

图 27　约翰逊维尔人体离心机

1. 第一台人体离心机

在美国早期的太空实验项目中，曾经有过用公园里的游乐设施来研究人体承受加速度能力的想法，其中包括过山车和不同的旋转运动之类的娱乐项目。但是不久后人们开始明白，只有那些专门建造的机器才能够释放出研究者们需要得到的强大和不寻常的压力。如果有一个以人体运动为基础的离心机来进行研究就再合适不过了，而这仅仅是开始而已，最后还需要一个安装有这种装置的场地来对将来的航天员们进行耐力极限的测试。

第一个动力合理的人体离心机是在第二次世界大战期间建造的，当时人们用它来研发一种能有效抵抗重力负荷的太空服。加拿大科学家威尔伯·弗兰克斯（Wilbur Franks）和弗雷德里克·班廷（Frederick Banting），在战争期间就曾对飞行员因承受重力而昏厥或者失去意识等问题进行过研究，他们意识到，不一定非要在真实的航空器中对新的太空服进行测试。如果不能精准地控制实验，就会造成异常大的危险。另外还有一个安全风险，因为重力太空服项目是高度保密的。那么，在多伦多的加拿大军事临床调查机构（CIU）里安装一台人体离心机就是一个完美的解决方案。这台人体离心机在1941年中期开始投入使用，并被视为高度机密。但是每一个人都很清楚，在安装有这台设备的建筑里正进行着一项不寻常的工作。驱动这台设备的是一个200马力的马达，它是通过一条电线连接到周边的供电线上的。每次启动的时候，它就从给外面马路上行驶的有轨电车供电的架空线路上抽耗电能，以致这些有轨电车因电力不足而停了下来。

军事临床调查机构里的这台人体离心机，是吊在一个横臂上的圆形太空舱，这个横臂则是架设在一个垂直的立柱上的。马达旋转立柱，立柱带动横臂上的太空舱在外面旋转。当旋转速度非常快时，太空舱几乎倾斜到了90度，这对于那些在游乐场玩类似游戏的人来说应该是很熟悉的。太空舱里的座椅有点像战斗机中的座椅，并且能够在太空舱中独立悬浮。这样一来，坐在里面的人就能够按照不同的角度调整位置，甚至可以倒置过来制造负向重力引力。

控制室里的一名观察员通过打开指示灯和鸣响蜂鸣器给空舱发出信号，坐在太空舱里面的人则通过关闭信号来应答。如果太空舱里的人仅仅是关闭蜂鸣器，就意味着他还有意识，但是开始出现昏厥，并且什么也看不清了；如果他未能关闭指示灯或者蜂鸣器，就表明他已经完全失去了知觉。

军事临床调查机构的人体离心机的实验结果，帮助弗兰克斯开发出了第一套可实际应用的重力太空服。这台机器也被用来对一些飞行学员进行评估，尤其是那些被教员怀疑不能忍受重力负荷的学员。通过这种方法来识别不符合要求的候选飞行员，使他们在进入太空遭遇麻烦之前，就能从飞行训练中被剔除出来，这多少还是挽救了一些人的生命。

2. 走上实验台

从更深层次的意义上说，是时候为人类进入太空探索做准备了。在宾夕法尼亚州离费城不远的沃明斯特海军航空发展中心（NADC），这台约翰逊维尔人体离心机被用来对执行水星计划、双子座计划和阿波罗计划的宇航员们进行测试，它扮演了一个非常重要的角色。当1950年7月完工时，它的第一个目标就是研究由高性能航空器产生的重力效应，尤其是对驾驶X-15飞机的飞行员进行训练。

这个并不为人所熟知的像转盘一样的离心机，被安装在海军航空发展中心（后来被命名为海军航空战备中心）一幢圆形的、似洞穴般的11 000平方英尺的建筑物中。在这幢建筑物里，美国海军也对即将加入机队服役的一些飞机进行调试，同时开展一些武器研究方面的工作。之所以选址在这儿，是因为离心机产生的旋转力十分强大，必须将这台巨大的机器直接固定在坚实的地基上，才能防止它随意地晃动。工程师们在沃明斯特可以找到许多这种坚实的地基。

离心机的钢制太空舱的外形就像一个扁平的球体，它长10英尺，宽6英尺，被安装在一个50英尺长的吊臂上。在吊臂的另一端，是一台 4 000 马力的通用电气发动机。这台发动机的动力十分强大，在全速运转时，它仅仅在 7 秒钟之内就能够让太空舱的旋转速度达到每小时 175 英里，速度最大时能产生致命的 40g。由于给太空舱安装了双平衡环，因此它能够按照施加的重力方向，使测试物体以不同的位置方向进行旋转。使吊臂上的太空舱轻易地旋转，实验者就能够使飞行员感受来自各种方向的重力测试，如正向重力（从头到脚的方向加速）、负向重力（从脚到头，就如在快速下降的电梯里的感觉一样）、横向重力（从胸到背）、侧向重力（从身体一边到另一边），以及在一次任务中所能碰到的任何实际作用力。

关于这些伟大的试飞员和宇航员在离心机上进行实验的故事很自然地被传扬了出去。但是在大部分时间里，在离心机上进行实验的人则是那些在约翰逊维尔工作的普通工作人员，或者是来自美国海军的一些队员。那些太空大咖都忙于飞行，很少有时间像天竺鼠一样被关在这里做研究，尤其是在离心机实验早期对它的性能进行评估的时候。于是这项工作就落在了当地的志愿者手中，如太空医学技师阿特·刚德纳，他在海军航空发展中心工作期间，就有 350 次爬进了这个太空舱，并经历过短暂的 15g 压力。就 4g 到 6g 的重力加速来说，就相当于坐在一辆全速行驶的竞速赛车上，或者是一架高速旋转的过山车上，甚至是太空飞船上。

刚德纳出生并成长在西弗吉尼亚摩根敦（Morgantown）一个有悠久军事传统的家庭里。他 1958 年参加了美国海军，并于 1960 年从太空医学学校毕业。毕业之后，他就被直接分配到安装有巨大离心机的海军航空发展中心的航空医学加速实验室里工作。大概就是在那段时间里，美国的第一位准航天员在那台机器上开始了实验。

这些被挑选出来参加美国第一个人类太空飞行计划的男飞行员们

（女飞行员在选拔过程中就被排除在外）就是著名的“水星七人组”。这些精英将要坐在空间狭小的水星太空舱里，搭载发射升空的红石火箭和阿特拉斯火箭进入太空。

刚德纳在他们进入离心机之前，要为“水星七人组”做准备工作。他把早先做过的一些模拟实验结果和他自己亲身经历的高负荷重力的感受给他们进行了讲评。他的另一部分工作就是在这些宇航员被密封在太空舱里之前，在他们身上安装一些传感器，对他们的心率和呼吸进行监控。这个太空舱里安装了与水星太空舱里的仪表盘和手动控制器一样的仪表盘和手动控制器，这样就能够释压到实际飞行时的每平方英寸 5 磅的压力。实验主体需要报告出在高负荷重力时他们使用控制器的情况，并且要描述出他们所能感觉到的任何副作用。这个太空舱特别有价值但是又令人恐惧的一个方面，就是它几乎能在一秒钟之内制造出从正向 10g 到负向 10g 的压力，这的确会让人有极度痛苦的感觉。

“水星七人组”

“水星七人组”是 1959 年 4 月 9 日从美国军队挑选出来参加美国第一个人类操控进入太空的“水星计划”项目的试飞员。他们是斯科特·卡彭特（Scott Carpenter）、戈登·库珀、约翰·格伦、维吉尔·加斯·格里森（Virgil Gus Grissom）、沃尔特·施艾拉（Walter Schirra）、艾伦·谢泼德和唐纳德·斯雷顿（Donald Slayton）。在这些人当中，除了斯雷顿外，其他人都实际执行过“水星计划”飞行任务。

候选“水星计划”的宇航员年龄上限设定为 40 岁，身高最高为 5 英尺 11 英寸（1.80 米），最大体重为 180 磅（81.6 千克）。1959 年 4 月 9 日，最终从 508 名符合宇航员基本要求的人中挑选出7人。谢泼德身高5英尺11英寸（1.80米），是“水星计划”宇航员中最高的；格里森是最矮的，身高5英尺7英寸（1.70米）。库珀32岁，是最年轻的；格伦37岁，岁数最大。这些试飞员收到的关于他们即将应召宇航员的第一条信息是：“你将很快从华盛顿接收到一项关于特殊计划的OP-05命令。请不要与任何人谈及此事或者讨论这项命令的目的，因为任何有关你与这项计划的信息事先泄密的话都可能不利于这项计划的执行。”

图28 “水星计划”的7位宇航员和阿特拉斯模型火箭
注：站立者，从左至右分别是艾伦·谢泼德、沃尔特·施艾拉和约翰·格伦。坐者，从左至右分别是维吉尔·加斯·格里森、斯科特·卡彭特、唐纳德·斯雷顿和戈登·库珀。

在压力和努力工作之外也还是会有一些轻松的时刻。有一个周末，刚德纳被叫来跟这些宇航员一起工作。由于刚德纳的妻子事先有个约会，因此他不得不把2岁的女儿一起带来。但是现场只有一位基干人员值这个又长又忙的班，于是刚德纳不得不把女儿托付给艾伦·谢泼德和约翰·格伦，让他们临时做了一回保姆。

对于执行“水星计划”的宇航员以及后来执行“双子座计划”和“阿波罗计划”的宇航员来说，这台离心机既是走向职业通道的一个仪式，也是进行基础训练的一个工具。“绕着那个长长的吊臂的一端旋转，我就像一只实验用的天竺鼠那样被用来测试人类在被送入太空或者重返大气层时可能遇到的情况，”约翰·格伦在他后来的自传中回忆道，“你要把你身上的每一块肌肉都绷紧到最大限度……一旦松懈下来，你就会逐渐失去视觉，眼前就会出现很多闪烁的星星，接下来你就要开始失去意识了。”

在承受6g、8g甚至10g的压力时就不可能进行正常的呼吸了。呼气是没有问题的，但是用正常的方式吸气就成了一个问题，因为这时你会感觉你的身体就像有500千克重甚至更重。“让你的肺吸满气已经是不可能的了，”阿波罗Ⅱ号指挥舱飞行员迈克尔·柯林斯写道，“就像有一条钢制的绷带紧紧地缠着你的胸，因此你不得不寻思一个新的办法，好让你的肺基本能够一直吸满气才行。”

这些飞行员在离心机上的训练有两种方式：一种是封闭式，里面的人能够完全控制太空舱的运动；另一种是开放式，或者叫“任人宰割式”，里面的人或多或少像实验室的老鼠。不管采用哪种方式，医生们都会一直监控“飞行”的各个过程。无论发生何种状况，飞行员和后援团队都能够立刻让实验太空舱停下来。

3. 冲破极限

任何一个人在坐上实验太空舱进行第一次旋转实验之前，都必须接受一系列的医学体检。最令人担心的人体器官就是心脏，因为任何人的心脏都完全有可能出现难以预测的状况，比如说心律不齐，如果在高强度的重力下触发，就极有可能威胁到生命。实际上，唐纳德·斯雷顿在接受高强度的旋转测试时，就触发了未经确诊的心律不齐，

图 29 艾伦·谢泼德在进行训练前坐在约翰逊维尔离心机的步梯上

这导致他被取消了“水星计划”宇航员的资格（后来他又参加了“阿波罗-联盟测试计划”，并进入了太空）。

这给想知道自己到底能够承受多少由离心机施加的重力的人们开了绿灯。一些人不适合离心机测试，但是他们坚决要求测试一下自己的极限。其中有一个美国海军预备役军官中的顽固分子，即卡特·柯林斯（Carter Collins）。1958 年 8 月，他用发出一种咕噜咕噜声的技巧防止了自己昏厥，他在 6 秒钟内承受住了 20g 的重力，但是胸部却遭受到了剧痛。那天稍晚的时候，民用心理学家 R. 弗拉纳根·格雷也经历了相同的状况。

格雷是在约翰逊维尔工作的一名研究员，他的工作就是为宇航员在起飞和重返大气层时应对高强度重力而寻找一些新的解决方案。这项工作的一些成绩，比如波状形的躺椅和特殊的安全固定带等，就在太空飞船的设计中得到了实际的应用。而其他的一些想法，尽管也有效，但是出于实践效果的原因却没有被采用。

格雷的许多实验是使用动物而不是由人来完成的，但使用动物做实验在今天也是不允许的了。当时，尽管用这些小动物做实验似乎是可以接受的，而且格雷的家人都知道他是一个和蔼和热情的人，但是他经常把那些用来做高强度重力实验的动物带到家里来，以此来观察它们是否能够转变成宠物，从被迫经历约翰逊维尔的创伤中摆脱出来并度过它们的余生。但是这种转变通常不会发生。有一次，他把做过重力旋转测试的一条金鱼带回了家。在接下来的几天里，这条金鱼在它的新居所里只知道上下倒着游，不久后就死掉了。格雷早期的一些研究项目中，有一个项目是坐在他发明的装置里面进行实验，这个发明装置被人们冠以恶名“铁女架”。

早期使用动物所做的实验表明，浸泡在水里有助于抵消重力效应。那么，对于人也会有用吗？为了寻找答案，格雷设计了一个外形像一个坐下来的人的铝制太空舱，这个能安装在离心机上的太空舱里面灌满了水，会产生一种把人置于奇怪的浴盆而使其为激荡的旋涡所包围的效果。1958年3月，格雷爬进了这个太空舱，人们开始往里面注水，直到水面到达他的肋骨位置，接着太空舱开始旋转起来。格雷背靠座椅躺着，头部面对着运动的方向。在第一次实验中，他身体有一半是浸泡在水中的，他承受住了16g重力而毫发无损。第二年，他再次将自己置于“铁女架”继续他的实验。这一次，他面朝后部而坐，在最后一刻水淹没了他的头部，他全身浸泡在了水里。在这项连哈利·霍迪尼（Harry Houdini）都会感到自豪的考验中，格雷屏住呼吸达到了25秒，他被疯狂地旋转着并在高峰的5秒钟内承受住了32g，这是人体在离心机中从未承受过的最大的重力。在整个令人疯狂的过程中，尽管格雷受了一些伤，但他一直保持着清醒的意识。他后来报告说静脉窦疼痛，更为严重的是他疝气发作，眼睛也严重受伤，视力受到了终生影响。这次实验结束后，他被一辆黑色的政府轿车送回家。回到家里，他几乎已经不能自己走进房间了。

从“拉兹男孩”到火星

使用约翰逊维尔离心机进行这种奇怪的实验，源于20世纪50年代末期的两位科学家，即卡尔·克拉克（Carl Clark）和詹姆斯·哈迪（James Hardy）。如果一艘宇宙飞船能够稳定地加速到2g，那么它就能够在例如几天的时间内到达火星。把那些明显的推力问题搁在一边，克拉克和哈迪对这个适度和连续的重力负载会对人体产生什么样的影响产生了兴趣。除了把人放在那个发烫的座椅上进行实验外，还有没有更好的办法去解决这个问题呢？事实上，克拉克从自己家里带了一把座椅，那就是“拉兹男孩躺椅”。他把它安装在太空舱中做了一整天的运动实验。随着离心机呼呼地旋转，它制造出了一个稳定的2g环境。克拉克在他这个狭小的高重力引力的世界里工作、吃饭和睡觉，待了超过24个小时。实验结束后，对他产生的副作用仅仅是轻度的疲劳。

图30　由R. 弗拉纳根·格雷享有发明专利的“铁女架”机器

令人吃惊的是，格雷又开始准备更多的实验了，但是现有的实验装置已经不能满足他的要求。这台离心机能够释放出高达40g的重力，但这只能在吊臂末端的太空舱里实现。“铁女架”太大了，根本不可能把它安装在太空舱里。于是格雷就想办法把它安装在吊臂接近中轴的位置，在这里加速最高时可以释放出32g。

4. 令人咋舌的机器

在“水星七人组”的眼里，只有一台模拟机能够与人体离心机造成的极端不适相匹敌，那就是坐落在俄亥俄州克利夫兰的美国航空航天局路易斯（现在叫“格伦”）研究中心使用的被叫作“多轴空间惯性测试设施”的机器，简称“玛斯迪夫”。“玛斯迪夫”看上去就像用儿童玩具拼装出来的一个智能怪物，它是由三个能够维持平衡旋转的同心球组成的，每个同心球都能够围绕不同的轴线根据其他两个同心球的位置而按正确的角度进行旋转。它的核心结构就是能够支撑 3 000 磅太空舱的一个 21 英尺长的支架，太空舱在噪声中以每分钟高达 6 圈的令人眩晕的方式翻滚和旋转。它的第一项工作就是测试水星太空舱的飞行姿态控制系统，该系统将用在一个叫作“大乔 1 号”的飞行任务中——就是测试在阿特拉斯助推器推动下的无人操控太空舱在返回地球时防热罩的性能。

路易斯研究中心一位叫詹姆斯·尤斯勒（James Useller）的工程师发现，“玛斯迪夫”能够用来对宇航员进行应急状况下的训练。于是，他就用扶手上安装有两个连接到氮气推进器上的设备的座椅来替代这个无人操控的太空舱。随着这个装置出现这样和那样的翻滚，宇航员的任务就是尽力去矫正设备并保持它的稳定。

1959 年，尤斯勒和路易斯研究中心的试飞员约瑟夫·奥格兰迪（Joseph Algranti）开始在“玛斯迪夫”里小心地驾驶。后来他们为想知道以不同的速度在不同的时间内横滚、俯仰和偏转对一个人到底能产生什么影响的约 10 名飞行员和科学家制定了一个正式的测试程序。当每分钟超过 30 转并沿着三个轴旋转时，包括最有经验的飞行员在内的每一个人都遭受到了晕动症。现在，“水星七人组”将要进行的所有的有趣实验工作都准备好了。

图 31　1960 年位于路易斯研究中心的“玛斯迪夫”（多轴空间惯性测试设施）

1960 年 2 月，“水星计划”的第一对宇航员维吉尔·加斯·格里森和艾伦·谢泼德来到了克利夫兰，他们在那儿待了一周时间，对“玛斯迪夫”及其会给他们带来的各种影响进行了测试。测试设备经过长时间的准备，调试完毕后，谢泼德就一动不动地被捆绑在这把恐怖的座椅上，他就要经历第一次令人恶心的旋转测试了。“玛斯迪夫”刚旋转不过几秒钟，脸色灰白的谢泼德就按下了红色的“胆怯电门”，触发了高音警报信号，这次考验就这样结束了。在3月底之前，所有的宇航员都必须完成测试。于是在第二天，谢泼德承受住了所有三个轴方向每分钟30圈的旋转考验。他很快就学会了如何使用手动控制器来启动助推器，从而在同心球还在继续不断旋转的时候使自己停止下来。他掌握的这种技巧在紧急状况下可能没有什么利用价值，但是在“玛斯迪夫”上能够做到这些已经足够了。有一名一直在观看演示的名叫斯科特·卡彭特的记者，事后对此进行了生动形象的报道。报道中说，在这场“极度”野蛮的欢庆式的演示中，倒霉的宇航员们发出了刺耳的尖叫声，身子也完全扭曲成了一团。

第十一章 冲破3马赫

如果你驾驶像洛克希德 SR－71“黑鸟”那样的飞机飞行的话，那么每一天都会不寻常。设计这种飞机，是为了在 85 000 英尺的高空以超过 3 马赫的速度侦察敌人的领地。如果受到敌人地对空导弹的攻击，它的标准程序不是去竭力躲闪或者是消灭威胁，而是简单地快速逃避。驾驶“黑鸟”飞机的每一次任务都是一次冒险行动，但是没有人像比尔·韦弗（Bill Weaver）那样经历过一次令人十分难以想象的冒险。在那次冒险经历中，韦弗突然发现自己正以高速穿越大气层，但是这件事情后来却以他弃机而结束。

那是 1966 年 1 月 25 日，洛克希德的首席试飞员比尔·韦弗和公司的一名飞行测试专家詹姆斯·T. 兹威尔（James T. Zwayer）按照计划，一起在加利福尼亚莫哈韦沙漠的爱德华兹空军基地之外执行他们的“黑鸟”飞行任务。在那个月初，编入美国空军作战队的第一架 SR－71飞机就已经被交给加利福尼亚北部的贝亚勒空军基地。虽然这架飞机很新，仅仅在一年前才进行过第一次飞行，但是仍然有很多东西需要探究，从而进一步提高它的性能。

1. “黑鸟”的结构

作为冷战时期的战略目标成果，研发“黑鸟”飞机是要对美国的

U－2侦察机进行补充。U－2侦察机外形纤细，机翼狭窄，曾经有一架于1960年在苏联上空被击落，飞行员加里·鲍尔斯（Gary Powers）被苏联军队俘获。“黑鸟”飞机是第一架在外形和材料上均采用了隐身技术的飞机，地面雷达很难捕获它的行踪。另外，它的飞行速度是U－2侦察机的四倍，想要拦截它几乎是不可能的。就像U－2侦察机一样，“黑鸟”飞机的研发也是一项绝密计划。它是由具有传奇色彩的飞机工程师及设计师克拉伦斯·凯利·约翰逊（Clarence Kelly Johnson）主导研发的，这项计划是在洛克希德著名的“臭鼬工厂”里秘密进行的。

以三倍于音速（约每小时2 200英里）的速度飞行所面临的问题之一，就是飞机的机翼和机身温度会变得很高。为了解决这个问题，SR－71飞机的设计者采用了耐高温的材料，机身的大部分材料是用金属钛制成的。而具有讽刺意味的是，这些材料是冷战高峰时从苏联进口的。对于进口这些金属的真正目的，连苏联也被蒙在了鼓里。自建造完工并被用于夜间执行侦察任务以来，它就被喷涂上一层深蓝色（几乎是黑色，并由此得了“黑鸟”这个绰号），这种颜色有助于辐射热量，后来也就成了它的正式涂装。

SR－71飞机另一项主要革新，就是它那对巨大的普惠J58－P4发动机。每一台发动机都有一个向上的垂尾，它们似乎就是内置的、粗短的三角形翼面。在这之前，就没有设计过能够连续加力燃烧的发动机，也从未制造出在3.2马赫时还能够高效运转的涡轮式喷气或者冲压式喷气发动机。在低速进入涡轮喷气模式时，J58发动机大口地吞油，就好像明天不过了似的。而给“黑鸟”飞机添加的特殊的JP－7燃油基本上跟复古的苏格兰威士忌一样昂贵，给它的油箱加满燃油（12 000加仑，即38吨）贵得就像剜一个人的心一样。但是这些燃油

洛克希德SR-71“黑鸟”

组员：2名（飞行员和侦察员）
机身长度：107英尺5英寸（32.74米）
翼展：55英尺7英寸（16.95米）
空机重量：67 500磅（30 600千克）
动力装置：2台普惠J58-1涡轮式喷气发动机
最高速度：3.3马赫（超过2 200英里/时）
最高升限：85 000英尺（25 900米）

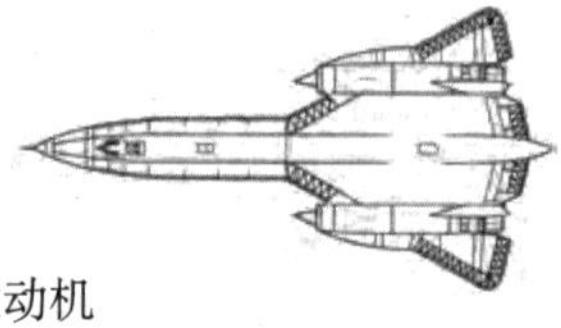

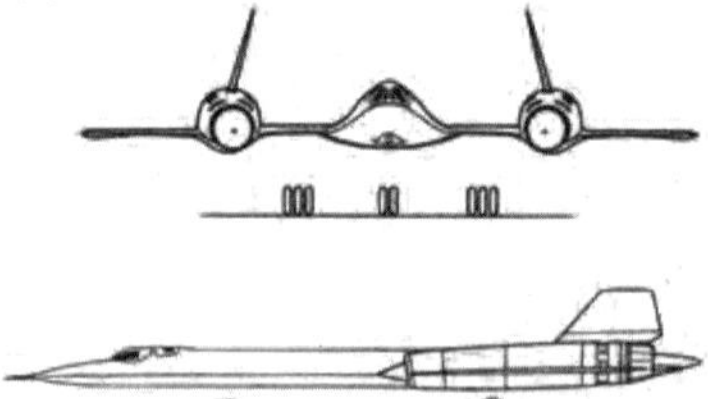

图 32　在 1994 年的一次飞行中，一架 SR－71“黑鸟”飞机在被美国空军加油机加油之后，飞越了冰雪覆盖的加利福尼亚的内华达北部山脉

很快就会被消耗干净，因此，空中加油机每隔两个小时就得给SR-71机翼上的油箱重新加油。

能够维持“黑鸟”的发动机正常工作的关键是一个尖锐的圆锥体，这就是减震锥，它能够在发动机每次进气过程中进行移动调整。在地速和亚音速飞行时，减震锥被完全锁定在前向位置上。但是当飞机的飞行速度超过1.6马赫时，减震锥就会一点一点地缩进整流罩里。当减震锥往后移动时，位于整流罩（包裹发动机的流线型保护罩）边上的进气旁通门就会关闭，以此来调节发动机周围的气流。所有这些都是在毫秒之间自动操纵完成的，这是为了确保不管飞机飞得有多快，流进发动机进气口的空气在到达压缩机前部之前，都能够有效地缓速到亚音速的进气速度。

当空气从超音速降到亚音速时就会形成一个冲击波，因此，就不得不在“黑鸟”飞机的进气口里面确保冲击波恰好处在正确的位置，从而使发动机能正常地运转并发挥出最高的性能。如果气流控制出现什么问题，冲击波就可能向前射出，从而阻碍空气进入进气口，就可能出现进气急停的现象。这样一来，在不到一秒钟的时间内，受影响的发动机就会失去所有的推力，并会发出“嘣”的爆炸声，紧接着飞机就会产生严重的左右摇摆。曾驾驶SR-71经历过进气急停现象的飞行员们都说，飞机偏转时情况非常糟糕，就好像机头和机尾要使劲交换位置一样。飞机突然发生倾斜是一件非常严重的事情，飞行员戴的头盔会因头一下子撞击到驾驶舱盖上而破碎。通常遇到这种情况时，飞机的自动系统会直接断开，从而确保冲击波向后引导并恢复正常的运行。

2. 飞越80 000英尺的那一天

韦弗和兹威尔那天一大早就开始做飞行准备了，他们对“黑鸟”

的航前检查从不敷衍了事。上午 11：20，在一切准备工作都做完之后，飞机滑向了跑道，开始执行代号叫 DUTCH 54 的飞行任务。这次任务的目标就是对飞机的侦察传感器和导航系统等方面进行测试，同时机组人员也要按照计划去检查一些操作程序，主要是如何降低阻力以及在高马赫速度飞行时如何提高性能等。这些程序牵扯到的主要问题是，在驾驶“黑鸟”飞行时，它的重心比在正常情况下更靠近飞机的后部。对于这个问题，韦弗在早期的飞行中就注意到要关闭自动导航（机载计算机导航系统）。

起飞、爬升和加速，一切都很正常。也就是说，飞机在约一分钟的时间内爬升到了离地面 12 000 英尺的高度。第一轮测试进行得很顺利。接着飞机下降高度，让 KC－135 空中加油机给它补充燃料，然后执行 DUTCH 54 任务的这架飞机开始向东面爬升。“黑鸟”的测试飞行是不留余地的，飞行员也没有决定权。每一次任务，甚至飞机的每一个动作，都是事先经过精心策划的。除非发生难以预料的状况，否则飞行员就必须按照为他规定的训练大纲飞行。训练大纲的下一阶段的任务就是在达到 3.2 马赫之前，向右方进行 35 度角的转弯倾斜飞行，接着在约 80 000 英尺的起始巡航高度将飞机拉成平飞。

在新墨西哥州艾伯特小镇的上空，韦弗在 78 000 英尺的高度以约 3.17 马赫的速度按计划进入了转弯操作程序，发动机喷射出强劲的气流，以防飞机出现任何高度下降的情况。就在这时麻烦出现了。当他开始转弯的时候，右边的发动机出现了急停状况，信号指示灯随即就发出了嘈杂的声音。由于另一台发动机还在继续工作，因而飞机立刻向右边横滚过去。与此同时，机头开始上翘。韦弗用尽全力向前面和右面同时推操作杆，想尽可能地保持飞机平衡，但是这样做却没有产

图33　SR－71从Dryden飞行研究中心起飞

生效果。发动机急停几秒钟之后，飞机难以挽救地失去了控制，接着就解体了。

3. 九死一生

韦弗知道，这时候他们必须跳伞了。但是在15英里的高空，以3倍于音速的速度弃机，除了身上穿的一件增压服之外就再也没有任何辅助设备了，他们存活的概率几乎为零。他在内部通信设备中对着兹威尔大声喊叫着说，他们必须待在飞机里，直到飞机掉落到较低的速度和高度。但是飞机旋转下降得太猛烈了，并且重力效应也特别强烈，以致他的话听起来含混不清，让人难以理解。

在失去意识之前，韦弗最后一刻的记忆是“黑鸟”正在他的身边解体。如果有人能够看见接下来发生了什么事，他们可能会放弃机组人员能够生存下来的所有希望。飞机在机身与机翼的连接处折断了。包括机组驾驶舱在内的飞机前半部分向一边弯曲翻滚了下去；3 马赫的强烈气流冲击着暴露在外的机身后半部分，操作面板被撕裂，飞机机翼被扯断，发动机的整流罩和其余零部件的残骸，就像下雨一样落到了地面上那片干旱的荒地上。幸运的是，地面上大都是沙漠。

开始恢复意识的时候，韦弗的第一个念头就像他的视觉一样混乱模糊。他在做梦吗？他已经死了吗？如果已经死了，他想，这算是一个不错的结局。他感觉身体像是被分离了，种种迹象表明，他的确被分离出来了，他甚至感到极其兴奋。但是当恢复理智的时候，他开始清醒起来。出于难以想象的侥幸吧，他竟然还活着。不管怎样，在并没有主动跳伞的情况下，他从飞机里被甩了出去。而当飞机解体的时候，他已经远离了飞机。至少，他活了下来。

如果他身上穿的增压服漏气的话，他当然不会活着下来。他活下来了，说明绑在他的降落伞绷带上的紧急氧气瓶工作了。在 62 000 英尺的高空中是没有压力的，这样血液就会在身体里沸腾，这就跟在高山上水的沸点很低是一样的道理。但是在肺里的所有空气被强制排出来之前，是不会发生血液沸腾的，否则就会窒息而亡。这个充满气的增压服就像一个单体逃生舱，在他被甩出驾驶舱的时候，保护了他，使他免遭一些可能遇到的致命伤害。当然，它也能够让韦弗呼吸。另一件幸运的事，是一个小的稳定伞打开了，虽然韦弗并没有主动跳伞，但这个小的稳定伞在高空稀薄的空气中保护了韦弗，使他不至于被卷入疯狂的旋转当中。

好消息就这些了。坏消息就是，在下降到离地面还有几千英尺的时候，他开始极速坠落。他能够听到呼呼的风声从身边呼啸而过，听起来就像皮鞭在风中抽打发出来的声音。由于他头盔上的面罩被完全冻住并形成了一层白色的雾气，因此他什么也看不清。没有目视物体能告诉他他离地面还有多远，他也不知道自己失去意识后经历了多长时间。他的主伞应该是在离地面还有15 000英尺的高度时自动打开的。但是在连续发生一些乱七八糟的事之后，主伞是否受损了呢？

他尽全力用手摸索着去拉动打开主伞的D形环。这在平时是一个十分简单的动作，但此时穿着这件充满气的、僵硬的增压服，用在极度寒冷的空中已变得麻木的手指操作起来却十分艰难。韦弗根本看不见D形环，这时他决定取掉面罩，这样他至少能够知道自己离地面还有多远。就在他触碰到D形环时，他突然感觉到身体被猛地向上一拉，原来是自动系统开始工作并打开了主伞。由于保护销断裂了，因而他只能用一只手扶着已经打开的面罩。他看到了蓝天，他看到他下面是大片大片的荒无人烟的原野，原野上到处覆盖着成片的冬雪。但是并没有迹象表明这里有人居住。在一些地方冒出了烟雾和火苗，这告诉他，那就是“黑鸟”坠落后形成的。在四分之一英里开外，他看到兹威尔的降落伞正在下降，他十分激动。就在飞机的驾驶舱盖破碎的时候，兹威尔也从解体的飞机中被抛了出来。但是情况表明，两人面临的是十分不一样的结局。

现在是下午3点了。在寒冷的冬季中期，再过几小时天空就会黑暗下来，那时将会是极端的寒冷。韦弗开始考虑如何在地面上生存下去的问题。救援队会很快出来寻找他们，但是要发现他和兹威尔，可能还得需要一段时间。

但是，首先，要想安全地下降还是会有一点小小的麻烦。假如他从以3马赫速度飞行且正在解体的飞机上逃离时没有受到实质性的伤害，却在着陆时摔断了腿或者情形变得更糟，那将是一个多么严峻的命运转折啊！当进入跳伞阶段时，即使对飞行专家来讲，在这种情形下也只能算是一个新手。而这恰巧就发生在韦弗的第一次跳伞中，这一次并不是很轻松。由于一直暴露在零度以下，他的手已经没有了任何知觉，而他又不得不用其中的一只手去扶着他的面罩，这就意味着他不能通过拉动上升装置来操控或者调整降落伞的方向。

在离地面还有300英尺时，他拉了一下救生包上的释放手柄，以此确认他是否被一条牵绳绑在救生包上。他脑子里快速过了一遍救生包中一会儿要用到的东西，接下来就是着陆了。着陆看起来异乎寻常地顺利，他降落在了一块松软的平地上，地面上没有任何岩石或者仙人掌之类的障碍物。

4. 尾声

顺着没有规划的路线，几分钟之后韦弗就回到了地面上。但是，关于天空中发生的不寻常的事的谣言开始到处散布，所有的谣言都与军事无关。第一个多少有些歪曲的消息来自一些航空公司的飞行员在电台中的闲聊。当时他们正在新墨西哥东部的天空中飞行，他们都看见了SR-71的残骸坠落的场景，但都不知道那是什么东西。

“阿尔伯克基管制中心，这是美国航空85航班。你在雷达上我的右侧看到什么了吗？看上去像是导弹或其他什么东西……”

“美国航空85航班，收到。我的确发现有雷达识别目标。”

“哦，是什么，是导弹吗？”

“美国航空85航班，恐怕我不能说。”

“你什么意思？难道是什么机密吗？”

“美国航空85航班，你自己判断吧，先生。”

这时传来了另一个飞行员的声音：“没关系，美国航空。环球航空

12航班，我们也看不清楚。”

“好了，我们能看清了。它在那儿十分清晰。”

“我们也看到了，我刚才在开玩笑呢。”

在爱德华兹空军基地，人们早就知道发生了糟糕的事情。所有与DUTCH 54的通信都中断了，这就意味着只能有一个结果。

在地面上，韦弗正在与他的降落伞缠斗。降落伞被风吹得鼓鼓的，仅仅用一只手很难脱开它，而韦弗的另一只手依然向上扶着那个麻烦不断的面罩。但这是一个充满惊喜的日子，也是一个略有奇迹的日子。这时，韦弗身后传来了一个声音：“我能帮你做什么吗?”降落在一个不知名的地方，这是你所希望听到的第一句话。这个声音是牧场主阿尔伯特·米切尔（Albert Mitchell）传来的。当时他正在给几匹小马驹打烙印，突然听见天空中传来爆炸声，不久后就看见两只降落伞飘了下来。他跳进位于机库不远处的他的那架两座直升机，飞到出事地点并发现了第一个飞行员。在米切尔的帮助下，韦弗很快就安全地解开了降落伞。接着韦弗又解开了降落伞上的绑带，然后就去寻找在下降过程中是什么发出了“啪啪”的声音，原来是系在他身上的安全带和肩带的残留碎片。这个时候，他才意识到一个令人难以相信的事实：他的弹射座椅根本就没有从飞机上弹射出来，他是在飞机裂碎后被一种极其强大的力量从驾驶舱中撕扯出去的。

但是这些作用力对韦弗的同僚却没有那么仁慈。米切尔驾驶着他的直升机飞出去查看另一位飞行员的情况。几分钟之后，他带着悲伤的消息回来了：兹威尔已经死了，他的脖子扭断了。他可能瞬间就死亡了，甚至在他被甩出解体的飞机时他就已经死了。这对他来说，可能也算是仁慈了吧。

米切尔驾驶着直升机飞行了60英里后，把韦弗送到了图克姆卡里的一家医院。在那儿，他联系到了爱德华兹空军基地的洛克希德飞行实验办公室，并给他们解释了所发生的事情。工作组早就听说了“黑鸟”失踪的消息，他们想知道那个时候它飞得有多快有多高，并想象着可能有幸存者。美国空军安全和事故反应工作组立刻出发前往事故地点，开始着手进行长时间的事故调查，并搜集散落在 15 英里长、10 英里宽范围内的飞机残骸。

几周后，韦弗又回到 SR－71 飞机中来。这次他要在洛克希德的帕姆代尔组装和测试厂，对一架全新的飞机进行第一次试飞。坐在他身后的搭档显得有点紧张，可能是因为担心韦弗刚刚才经历过精神创伤，尤其是他后座的飞行员没能生还。就在飞机马上要起飞时，韦弗突然在内话通信中听到了一个紧张的声音。

“比尔！比尔！你在那儿吗？”

当飞机的前轮离开跑道时，驾驶舱后部主警告面板上的跳开关出现错误，触发了“飞行员弹射”的红色指示灯。

“在呢，乔治。发生什么事了？”

“感谢上帝！我还以为你已经弹射出去了。”

第十二章　奇妙的航行

有一个奇怪的、细长的飞行器飞过中非那片黑暗的天空。在这个飞行器里坐着两个人，他们是迪克·鲁坦（Dick Rutan）和珍娜·耶格尔（Jeana Yeager），他俩极不舒服地蜷缩在一个电话亭般大小的空间里。已经有很多天了，他俩既没有睡好觉，同时又感到身体不舒服。他俩一直担心的问题就是天气、燃油供给和设备状况，他们正努力保护着这架独特的飞行器，使其能够平稳地飞行。激励他俩不断前行的是这次任务中最重要的目标：驾驶飞机在不经停、不加油的情况下，实现第一次环球飞行。

1949 年，一架被叫作“幸运女神 2 号”的 B－50 超级空中堡垒飞机，在没有落地的情况下完成了一次完整的环球飞行。不过在飞行的过程中，它通过空中加油机补充了几次燃油。1962 年，一架 B－52 飞机在没有加油的情况下创造了最远飞行距离 12 532 英里的纪录，但是这还算不上环球飞行。在联邦航空国际（FAI）的眼中，称得上环球飞行的最短距离必须不小于环南、北回归线（大约在赤道以南或以北 23 度）的距离，也就是 22 858 英里。

1. 奇特的飞机

1981 年初的一天，在加利福尼亚莫哈韦沙漠的一家饭馆里坐着三个以航空为业的人。伯特·鲁坦（Burt Rutan）是一位航空工程师，他以设计具有创造性的轻型飞机而享有盛名。迪克是伯特的弟弟，也是一个在美国空军服役时间比较长并且很杰出的飞行员。兄弟俩一起开办了一家小型飞机制造厂。在现场的另一个人是迪克的妻子珍娜·耶格尔，她也是一位富有经验的飞行员。

伯特有一个提议，他想知道迪克和珍娜对于再一次尝试极具挑战性的动力飞行的想法，即成为驾驶飞机而无须加油完成环球飞行的第一人。关于这一点，没有人认为这类旅行是可行的。按照传统方式制造的能加满燃油的飞机，在起飞时就已经满负荷了，如果不经停飞行的话，也只能飞 23 000 英里左右。但是时代已经变了，一些像金属铝一样坚固的新型材料开始得到应用。这些金属材料大多用于飞机的机身，并且重量很轻。如果使用这些复合材料，再加上一项创新设计，伯特相信他能够制造出一架能够完成这项任务的飞机。他在餐巾纸上草绘了他想象中的飞机，这就是后来大家所知道的“航行者”。

在接下来的 5 年当中，“航行者”的设计不断得到完善并最终成为现实。这是一架有别于其他的飞机，制造它不是为了速度或者出于其他任何原因，而是为了能够在空中待足够长的时间来完成一次环球飞行。这架飞机本身，包括机身和发动机，重量仅有 2 250 磅，相当于一辆小型汽车的重量。在加满燃油的情况下，重量大约会增加到 4 倍。

“航行者”的主翼又细又长，有 111 英尺，比一架 727 喷气式飞机的主翼还长。主翼的前部是一个比较小的机翼，叫作前翼，是伯特·鲁坦众多飞机设计中具有标志性特征的设计。飞机的中间部分是用来搭载机组的，它两边是两个长长的可以用作油箱的舷外支架。整架飞机就像一个尚未出海的双体船。这架载有几个大的油箱、机翼中空的“航行者”，在很大程度上就像一个能够飞行的燃油储存器。这架飞机

图 34　降落在爱德华兹空军基地之前，“航行者”在空中盘旋

有 17 个独立的油箱分别挤在每一个可能的空间里。在飞行中，机组人员不得不将燃油从一个油箱转移到另一个油箱，以此来保持飞机的平衡。除了基本的机身和机翼重量外，减少其他任何非燃油重量都是极其重要的，因为这样还能多加 6 磅燃油。幸好这两名飞行员重量都很轻，而珍娜自身的重量仅仅是 98 磅。

在飞机中间部分的两端，各有一台提供动力的发动机分别连接到前后两个螺旋桨上。前面的是一台大陆 O－240 四缸空气冷却型发动机，它能提供 130 马力；后面的则是一个小型的 IOL－200 发动机，它能输出 110 马力。前面的发动机仅在起飞和爬升时使用，在巡航时会被关闭。这两台发动机都有燃油消耗低的优点，并能在不需要维护的情况下长时间可靠地运转。关键是“航行者”能以每小时 122 英里的速度飞行，这为远距离飞行提供了保障。

2. 小额资金与复合材料

自从莱特兄弟发明飞机之后，还没有一个人尝试从草图开始自己来制造一架飞机。伯特他们则愿意尝试。迪克·鲁坦和珍娜·耶格尔虽然是飞行员，但他们志愿成为主要的制造商，而伯特就担任首席设计师的职务。

还有一个问题：钱。迪克和珍娜他们只有1万美元，但是制造这架飞机所需要的一些高科技复合材料和其他昂贵的设备的最终价格将会在200万美元左右。很难有赞助商参与这个项目，因为商界的一些人认为这个项目风险太大，或者简单地认为这不可行。没有人愿意把赌注压在看起来希望很小的事上，对他们来说，愿意提供的更多的是祝福和祈祷。政府和一些大的航空公司更是完全不愿意来冒这个险。他们担心产生这样一个残酷后果：如果"航行者"不争气地过早地从空中坠落下来，尤其是如果以一堆残骸和两个死去的飞行员来结束，那么你公司的标识会出现在一堆残骸中，那就不太好看了。

于是，迪克和珍娜以他们手头拥有的，以及能够从朋友们那儿搜刮来的东西，在莫哈韦机场伯特自己的一座建筑里开始了工作。开始的时候，工作进度很慢。但是当一些传闻流传到西南部的航空社区时，一些好奇的民众开始驻足观看制造的过程。一些拜访者送来了一些捐助，其他一些专业人士则提供他们的专业技能。在一些情况下，有些人最后以顾问和制造助理身份加入"航行者"的团队中。其中就有复合材料方面的专家布鲁斯·伊万斯（Bruce Evans），他成了首席顾问；还有这个领域的另一位专家迈克·梅尔维尔（Mike Melvill），他成了伯特·鲁坦新成立的缩比复合材料有限公司的一名雇员。

1982年春天，“航行者”从草图中走了出来。为了让飞机的结构重量低于1 000磅，就要在机翼和机身98%的部分使用轻型复合材料。如纸一样薄的碳纤维像夹三明治一样铺在诺梅克斯蜂窝层（一种用树脂浸渍过的像蜂巢一样的纸）的外面，再外面又覆盖了两层含有环氧基树脂的碳纤维。这种石墨纤维的硬度是钢的五倍，但是重量却比钢轻一半，具有硬度强、易折曲和重量轻的特点。

重量是绝对需要优先考虑的。伯特·鲁坦坚持“航行者”不能携带小机件，这是保持飞机空中飞行的基本条件。但是迪克说，如果他驾驶飞机在飞越海洋时没有雷达指引，他就会面临死亡。于是，他就逼迫他的兄长在这一点上让步。就这样，“航行者”几乎被脱得只剩骨架了。它没有像现代飞机一样的正常安全设施，它甚至没有隔音设备，无法防止发动机连续传来的能穿透驾驶舱的轰鸣声的侵扰。正因如此，医生们都很担心飞行员们可能会永久丧失30%的听力。幸运的是博斯音响公司站了出来，给他们提供了两副特殊的降噪耳机。

“航行者”根本没有考虑过舒适问题。鲁坦和耶格尔要蜷缩着待一周多时间的驾驶舱，只有3英尺宽、7.5英尺长。在正常情况下是鲁坦驾驶飞机，他要坐在飞行员的座位上，而另一个人就不得不始终躺在那儿。即使要交换一下位置也需要体操技巧，而卫生间则称得上相当简陋。菜单上除了一些粉状奶昔等补给食品外，再没有其他任何可口的东西。想要锻炼，无论如何是不可能的，因为他们只有一条5英尺长的橡皮筋。

3. 在安全的边缘飞行

真正让人烦恼的是“航行者”怎么才能飞起来。它真的能够在空中连续飞行 23 000 英里吗？1984 年 6 月 22 日，迪克·鲁坦进行了首次飞行。飞机携带了少量燃油，在空中持续飞行了 40 分钟。这次经历很好地证明了他们早就想到的事："航行者"不稳固，除了不会从空中掉落下来外，没有比这架飞机更难操作的了，而且坐在上面很不舒服。大点的尾翼和方向舵易于驾驶飞机，但是为了把阻力降到最低，"航行者"甚至都没有这些东西。它上面的一切设施都为实现远距离飞行而被优化了。飞机的操作面很小，没有安装襟翼，结构上的削减就是为了尽可能多地装燃油。

在第二次飞行中，鲁坦遇到了上升的暖气流。他体会到了坐在"航行者"里生命有多么不安全。紊流造成又长又细的机翼不断地颤动和弯曲，飞机一会儿下沉，一会儿上升。这一次，耶格尔也同机飞行。她后来回忆说，感觉就像坐在一只小帆船上，在波涛汹涌的大海里上下起伏。这是她人生中第一次经历晕动症的痛楚。

在设计这个细长的机翼顶端的时候，伯特团队就考虑到它要能够上下移动多达 30 英尺的距离，并且要能够承受巨大的压力。但是，这个团队还是担心它们弯曲得太厉害，会轻易地被压力折断，从而导致这架飞机回归宿命。在后来的一次飞行中，鲁坦相信他们在几秒钟之内就会酿成灾难。机头翘得太厉害了，机翼震动得也特别猛烈，他用尽了自己所有的技能才终于从上升的热气流中逃了出来，最后让飞机安全地着陆了。有一件事非常清晰，那就是在环球飞行时，"航行者"要尽可能地避开极端天气。

迪克·鲁坦对这架飞机的漂亮外观很是欣赏，这是一架从未飞上天空的最具美学效果和最令人满意的飞机。他同时也意识到，这架飞机对他本人来说是不安全的，而每一次他和耶格尔登上它都要冒着生命危险。事实上，在为这次伟大的冒险行动而准备的整个过程中，鲁坦都有一种不祥的预感："航行者"会坠机，他也将随之死去。如果环球飞行成功的话，他坚信它下一次和最后一次飞行后，将会被陈列在美国史密森尼博物馆里向公众展览。

在经过比其他几次更为惊险的试飞以后，“航行者”就整装待发了。考虑到天气原因，通常进行环球飞行的最佳时间是6月到8月。但是这俩人没有耐心，他们不想再耽搁时间了。这是一个勇敢的决定，除非在平静的气候环境下，否则操作“航行者”将是一件非常糟糕的事。1986年12月14日，鲁坦和耶格尔在登机之前绕着飞机做了最后一次检查，然后鲁坦登机坐在唯一的座椅上，耶格尔则躺在他后面的地板上。他们做好起飞的准备了。

4.“酷刑室”里的9天

这个昆虫般的飞机将要执行它的任务了。如果乐观的话，一个星期以后它就会回来。爱德华兹空军基地的飞行管制员发出了可以起飞的指令。“航行者”满载着燃油、食品、设备和机组人员，这是它之前从未有过的重量。细长的机翼因装满燃油而变得下垂，翼尖几乎就要触碰到地面了。时间刚过早上8点，鲁坦松开了刹车，轻松地向前推出了油门。飞机开始慢慢地移动，开始加速，但是并不怎么快。翼尖并没有升起，事实上它们正在刮擦铺有柏油碎石的跑道，翼尖受到了损伤。没有足够的升力，“航行者”正一步步地奔向跑道头，看上去好像就要摔机了。“拉杆！拉杆！”伯特·鲁坦在无线电中大声地喊道。但是迪克并没有听到警告声，他也不知道机翼出了什么问题。他眼睛一直朝前盯着，注意力完全集中在保持飞机直行和获取足够的速度升空上。在最后的时刻，长长的机翼腾空而起，带着“航行者”飞上了天空，开始了它马拉松式的旅程。但是这架飞机和它的飞行员已经打破了一项纪录：滑完了当时世界上最长的跑道——1 000 英尺，他们是爱德华兹空军基地前所未有的起飞滑行距离最长的人。

迪克·鲁坦看见一架载有他兄长和另外两个人的双引擎追逐飞机飞了过来，这才意识到他的飞机翼端受损了。于是他慢慢地抬起机头，让迎面而来的空气阻力冲洗受损的翼尖。接着他驾驶着飞机，向着太平洋方向飞去。

与此同时，珍娜·耶格尔开始操作去收起落架。这架飞机没有液压系统可自动完成这项工作，因为对于这架以减轻重量为主设计的飞机来说，如果安装这个系统的话，那就太奢侈了。她不得不花 15 分钟，用曲轴费劲地转动一个原始的帆船绞盘，慢慢地、一次一个地把三个轮胎收回轮舱里。

在这容易导致幽闭恐惧症的“航行者”里面生活和工作，就像身在地狱一般，俩人给这个空间取了一个绰号——“酷刑室”。在整个飞行时间里，被禁闭在一起是很不舒服的，况且俩人又被近距离地挤压在一起，这样他俩就难免产生紧张和不安。对于鲁坦和耶格尔来说，这会使事情变得更糟糕，因为这对夫妻在早些时候已分居几个月了。他们因对飞行的热爱而生活在一起，也因为这个原因而让婚姻破裂。他俩都非常急切地想驾驶这架飞机，这种争夺直接影响到了他俩的关系。试想一下，他俩还面临着其他的压力，尤其是最令人担心的糟糕天气。但是在如此艰难的长途旅行中，恰恰就在飞行的第二天，他们不可避免地撞到了坏天气。

他们径直向着热带风暴的边缘飞去。热带风暴边缘聚集起来的强风，能轻易地将“航行者”脆弱的机体撕成碎片。幸运的是，为这次任务提供服务的气象专家传递过来的天气预测是准确的。风暴成为一道障碍，而原计划是要在两个风暴中间气流相对平静的区域飞过去。

组员：2名
机身长度：29英尺2英寸（8.9米）
翼展：110英尺8英寸（33.8米）
空机重量：2 250磅（1 020千克）
最高巡航速度：122英里/时（196千米/时）
航距：24 986英里（42 212千米）

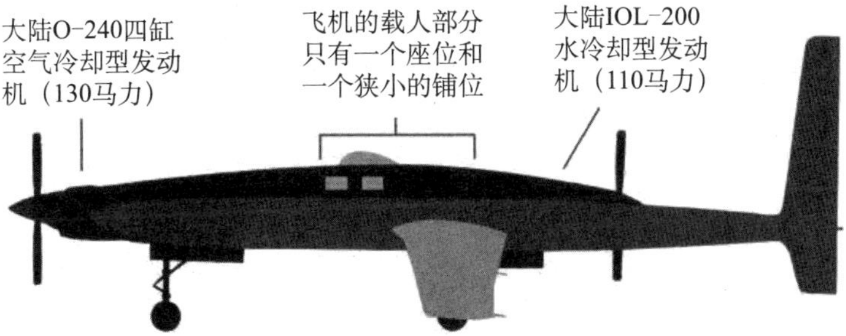

图 35　“航行者”技术参数

但是，风暴边缘朝北往菲律宾方向移动的速度比预期的要快很多。如果按照当前的航向飞行，“航行者”就会遇到风暴。让人稍感欣慰的是，一个低压气团正从北边移动过来。在这前后夹击的气团之间，有一条狭长的静流通道能够使“航行者”通过。他们希望在风暴来临通道关闭之前，能够快速地穿过这个区域。已经没有别的选择了，气团太大，不可能绕飞过去，“航行者”只能一直往前飞去。在左舷方向，一大片暴风气团正在形成，聚集的云团向右舷汹涌而来，与风暴汇合成一堵墙。飞机一直飞行着，尽管遭受了风雨和轻微的颠簸。这架在20世纪末期最不适航的飞机，竟然毫发无损地穿过了恶劣的天气，它甚至还利用了从机尾后部吹过来的强风，加速通过了关岛和塞班之间的众多岛屿。

在飞越非洲上空时，他们撞见了越来越多的暴风天气。这给鲁坦增加了压力，他驾驶飞机已经超过两天半的时间了，此时的他已经相当疲惫。他在很短的时间内与耶格尔互换了位置，飞机在自动驾驶的指引下飞行，他要凑合着抓紧时间休息半个小时。疲倦会带来一些失误。这时一个红色警告灯发出了信号，指示有一台发动机润滑油不足。这俩人一直忙于确保避免最恶劣的颠簸，更不用说在飞越非洲期间还要不时当心高耸的山峰，他们都忘记关注润滑油油量了。幸运的是，他们及时采取了措施，就在发动机损坏之前，他们及时添加了润滑油。

由于安装了一些新的阀门而造成的燃油渗漏，成为另一件要担心的事。虽然出现了燃油渗漏，但是他们通过一台计算机确认了还是有足够的机载燃油保障他们回家。然而，在飞行的最后阶段，机舱内还是出现了一阵恐慌。在这个漫长的旅程中，飞经墨西哥海岸的最后一个航段时，后面的发动机出现了故障。为了节省燃油，他们早就关闭了前面那台动力十足的发动机。这时候，飞机的速度快速地减了下来，飞机从高空迅速往下坠落。“航行者”往下坠落了 5 分钟之后，鲁坦终于启动了前面的那台发动机，接着又启动了后面那台。

当“航行者”沿着加利福尼亚海岸踏上归程时，伯特和迈克·梅尔维尔（Mike Melvill）正坐在一架追逐机上，焦急地寻找这两个长途跋涉的人的任何踪迹。他们在黎明的晨晖中，看到了那架纤细的、航行灯频闪的飞机。

“迪克，关掉频闪灯。”伯特通过无线电向他的胞弟说道。频闪灯停止了闪烁。当看到他们的亲友回家时，伯特和梅尔维尔都流出了激动的眼泪。

从爱德华兹空军基地起飞，在空中经过 9 天 3 分 44 秒的艰苦奋斗，“航行者”终于以一个平稳的落地回到了家。它绕着地球飞行了 26 366 英里，这期间没有经停，也没有加油。走出机舱，伸展了一下双腿，迪克·鲁坦说：“这是空中飞行的最后一次重大活动了。”

第十三章　喷气飞行人

即使是詹姆斯·邦德看到这副场景也会感到畏缩的。但是对于瑞士的发明家和飞行员伊夫·罗西（Yves Rossy）来讲，办公室里的每一天都是不一样的。2008 年 9 月 16 日，被众人捧为“喷气人”“火箭人”和“熔体人”等的罗西，在法国加来 7 500 英尺的空中，从一架轻型飞机上跳了出去。他点燃了捆绑在背上的用碳复合材料制成的飞行翼上面的 4 台小型喷气发动机，以每小时 186 英里的速度穿越了英吉利海峡。他在 9 分多钟的时间里飞行了 22 英里，最后用降落伞在多佛着陆。罗西使用的是最新型的喷气装备，也是翼装飞行发展最顶端的装备，使用这套现代版本的装备就是要像鸟儿一样飞翔。

1. 第一个“飞行人”

在过去的几个世纪中，早期的飞行先驱们曾试图通过在手臂和背上捆绑人工制作的翅膀飞向蓝天。但正如希腊神话中关于英雄伊卡洛斯[①]因坠落而亡的传说一样，许多历史教科书上也讲述了“飞行人”将翅膀伸展开，然后从高处跳下来后都悲惨地摔死在地面的各种故事。

---

① 伊卡洛斯是希腊神话中代达罗斯的儿子，与代达罗斯使用蜡和羽毛制造的双翼逃离克里特岛时，因飞得太高，双翼上的蜡遭太阳照射而融化，最后落水丧生。

第一个成功实现飞行的“飞行人”出现在20世纪30年代。那时候，空中跳伞相当流行，尤其是美国的空中飞行表演狂人克莱姆·索恩（Clem Sohn）更是声名远扬。他用粗糙的飞机帆布制作了一个飞行翼，并把飞行翼安装在一个钢架的结构上，这样在手臂和身体之间就形成了一张网。飞行翼在设计上不能伸展太宽，从而避免手臂脱离主体操作结构。在他的两腿之间还有一块像鸟尾巴一样能摆动的布。这个翅膀形状的造型，再加上他戴了一副大大的护目镜，使他得到了“蝙蝠侠”的绰号。

图36 被称为“喷气人”或“火箭人”的伊夫·罗西，正携带他的喷气驱动力的翼装飞行

在18 000英尺的高度时，索恩从飞机上跳了下去。他在空中滑翔、飞扑、倾斜和翻筋斗，接着在离地面还有800英尺或者900英尺时，他打开了降落伞。在一些展览会和空中飞行活动中，他通过展示这种壮观的特技而过着一种舒适的生活。但是这种快活仅仅维持了一小段时间，之后就发生了意料之外的事情。1936 年 6 月 6 日，在伦敦盖特威克机场揭幕仪式上，他从空中跳下时主伞缠绕在了他的飞行翼上。当最后打开应急降落伞时，他离地面已不到 200 英尺了，他重重地摔在了地上。他侥幸逃生，但是却摔断了一条胳膊。1937 年 4 月 25 日，在法国文森的一次表演中，他的运气用完了。在起飞之前，他说："我感觉很安全，就像在祖母的厨房里一样。"但是在下降过程中，他没能打开他的主伞。有近 10 万名观众看见他使劲地拉应急伞上的开伞索，但还是失败了。最后，年仅 26 岁的索恩就这样摔死了。

早期"飞行人"的死亡率让人难以想象。在 1930 年至 1961 年期间，在 75 名努力开拓人类翼装飞行领域的人中，就有 72 人在事故中死亡。但是技术的进步和能像鸟儿一样翱翔的诱惑，让这项运动比以前更加火爆了。1969 年，在由伯特·兰卡斯特（Burt Lancaster）主演的一部叫《飞天英雄未了情》（*The Gypsy Moths*）的影片中，就展现了一段精彩的空中跳伞造型的剧段，这就是现在大家熟知的翼装飞行运动。尽管这部电影没有取得商业成功，但它却激发了新一代"飞行人"的热情：最终实现那个由来已久的、像鸟儿一样自由飞翔的梦想。

2. 翼装飞行正当时

就一件翼装而言，不需要太多的东西。关键是在手臂与身体之间以及两腿之间，要有能伸展的翅膜布料相连接，只要选择合适的材料并按照正确的方法制作就可以。它的基本原理是通过增加人体的表面积来获取较多的升力，这样你就能一直俯瞰大地，可能的话还能像一只飞鼠那样滑翔。唯一的障碍就是你不能穿着翼装着陆，因为它绝对不能在垂直下降的过程中减速，除非你在水平方向飞得非常快。因此，就不得不需要一个降落伞来实现安全着陆。在设计翼装和降落伞的配套功能上需要认真和仔细，这样当最后需要展开降落伞时，它就能轻易地打开而不会划破翼装的表面。

帕特里克·格亚登

20世纪90年代，处在空中花样跳伞现代运动前沿的是一位法国人，名叫帕特里克·格亚登（Patrick de Gayardon）。他用绑在他脚上的一个滑雪板，将空中花样跳伞推向了一个新的水平，这就是众人所知的高空滑板特技跳伞。另外，他还对翼装进行了革命性的设计。格亚登设计的翼装，使用的是跟现代的各种空中花样跳伞和滑翔伞运动所使用的伞盖一样的充气方法，这种翼装有一个下羽面和一个上羽面，它们通过一些肋拱连接在一起。这种翼装还有一个安全系统，它能通过拉扯一根连接羽翼和身体的绳索使羽翼分离。

格亚登穿着他那像蝙蝠一样的翼装，在一些著名的地点如勃朗峰①和大峡谷展示了令人难以想象的空中跳跃，表现出卓越的机动性和控制力。他也是穿着翼装在著名的阿格尔峰（南针峰）上，在很多记者的鼻子底下，沿着离山峰坡面只有几码的高度进行飞行的第一人。1997年，他从一架皮拉图斯PC-6轻型飞机上跳出来后向下滑翔，同时那架飞机也在他身旁向下俯冲着。他和飞机都以45度倾角下降着，二者慢慢地互相靠近，最后格亚登通过机舱开着的门又飞回到了飞机里。令人难过的是，在1998年的一个黄昏，他在夏威夷对改装的伞包进行花样跳伞测试飞行时不幸遇难，造成这次事故的原因是一条绳索出现了故障。

---

① 阿尔卑斯山脉的最高峰。

图 37　阿格尔峰（南针峰），位于法国境内的阿尔卑斯山，1997 年帕特里克·格亚登穿着翼装从这里跳下飞行

直到 20 世纪 90 年代，翼装走出了用拼凑材料制成的年代，这种纯粹冒险的服装设计本身也成为一门科学。翼装飞行的时代已经开启，一些个人和团体进入了这个领域，他们努力改进这项运动的方法和工具，并尽可能地打破这项运动的极限。1999 年，来自克罗地亚的翼装设计师罗伯特·佩奇尼克（Robert Pecnik），和来自芬兰的贾里·库斯马（Jari Kuosma）共同成立了一家叫作“飞行人”的公司，这是第一家经营翼装的公司。

2005 年，从这项运动中又衍生出一项新的运动。一群挪威 BASE（代表建筑、发射塔、桥梁和岩石表面）的翼装跳伞者，发布了一段他们的成员穿着翼装几乎贴着岩石表面飞行的视频。这种所谓的“近距编队飞行”，很快在 BASE 翼装跳伞者内部成为一项十分流行的活动。有一些狂热者还使用翼装创造了一些时间和距离上的纪录。还是在 2005 年，来自西班牙的 3 名高空花样跳伞者，穿着翼装从35 000英尺的高度跳下。他们横穿了直布罗陀海峡，创造了在自由落体 6.05 分钟内飞行 12.5 英里的纪录。但是，即使就是这样的一个成绩也很快被打破了。

3. 喷气人

在伊夫·罗西把一对喷气引擎塞在他的两只胳膊下面并通过触动电门使它们运转之前，他就已经积攒了大量的高速飞行的经验。他曾经在瑞士空军当过 17 年的战斗机飞行员，驾驶过幻影 3 型战斗机、F-5 自由斗士战斗机和霍克猎人战斗机。退役后，他来到瑞士航空公司（后来改名为“瑞士国际航空公司”）工作，飞过 DC-9 和波音 747 等飞机。

在罗西的身体里，一直流淌着极限运动的血液，从赤足滑水、水上滑板和水上竞速到滑翔翼、滑翔伞和飞行杂技等无不涉猎。他在 1990 年就开始空中花样跳伞运动了，后来又从事空中冲浪运动，他因在马特洪峰[①]上空从一个热气球上跳下，完成了空中冲浪而为自己赢

① 阿尔卑斯山脉的山峰之一，位于瑞士与意大利的边境。

得了一项《吉尼斯世界纪录大全》的纪录。1997—1998 年间，在来自日内瓦埃科勒工程学院一些研究人员的帮助下，他自己制造出一件适于空中冲浪的翼装，并亲自进行了空中测试。接着他开始技术攻关，这最终给他带来了享誉世界的名声。

图 38　伊夫·罗西

罗西想对布料翼装进行不同的改造，这可能源于他多年来驾驶过很多不同种类飞机吧。但是，他想通过在自己的背上安装一对羽翼来飞翔，就是想把自己变成一架现实中的飞机。于是，他找到愿景概念和 ACT 复合材料两家高科技公司来一起制造一对羽翼。这样的话，他就能够从几千英尺高的一架轻型飞机上纵身一跳，然后像一架滑翔机一样飞行，在接近地面的时候，就打开降落伞完成着陆。他和这两家公司一起工作了几年，不断地完善这对半充气半坚硬的羽翼。这个所谓的“飞行人”项目在 2002 年达到高峰，罗西穿着这个飞行设备，成功地飞越了从埃维昂到洛桑的日内瓦湖。

但这仅仅是这位瑞士飞行员实现远大理想前的开胃酒而已。下一步就是要让他的那对羽翼发出动力，使他能够保持水平向前飞行数英里，甚至像超人或者火箭人那样能够向上飞行。他所需要的，不仅仅是要有一对便于携带的、足够轻的发动机，而且这台发动机还要能提供足够的动力，能保持飞行 10 分钟甚至更长的时间。2002 年，罗西与基地在德国的 JetCat 公司进行了接触。这家公司以热衷于制造世界上领先的模型飞机的喷气发动机而闻名。这是一个完美的结合，最后证明 JetCat P200 煤油驱动发动机是这次任务的理想之选。在地面上有许多工作需要去做，比如对不同的发动机和进气装置进行测试，接着要对所选择的两台 P200 发动机进行精准的调试，以便它在数千英尺的高空能有效地工作，而这个高度也超出了这些发动机以前搭载模型飞机所飞过的高度。为了确保所有的发动机能够瞬间点火，还安装了一个特殊的电子启动系统。不然的话，罗西就有可能被扔进无法控制的旋转中。当把发动机安装在羽翼上后，对它们进行精细校准就成了避免任何不稳定因素的关键。

为了满足携带发动机带来的新的需求，就不得不对羽翼本身进行适当调整。羽翼被加长了，并通过拆除可充气的材料使它更加结实。另外还安装了几个操作手柄，这样罗西就能够通过电子系统操纵翼尖，自主决定什么时候需要滑翔，或者什么时候需要俯冲。

最后，所有的准备工作都结束了。2004 年 6 月 24 日下午 7 点 30 分，罗西从瑞士沃州附近的伊韦尔东机场上空 12 000 英尺的皮拉图斯飞机上跳了下来。几秒钟之后，他拉了一下用来打开羽翼的那个小小的操作手柄，在向下滑行到 7 500 英尺高度时，他点燃了所有的发动机。在他确信发动机顺利工作后，他加大了油门，使速度达到了每小时 115 英里。他在高出地面约 5 000 英尺的高度水平飞行了 4 分钟，实现了人类飞行的另一个梦想。他不但能够像鸟儿一样滑翔和俯冲，而且能够水平飞行，还能够利用动力在天空中向上飞行。罗西没有忘记打开他的烟雾发生器，在他身后留下了他成功探险的轨迹。“这简直太棒了！”在飞行结束后他说，“这是在三维空间里的一种自由……”

后来，他又对喷气羽翼的设计进行改进，使它成为今天罗西所使用的羽翼构型。当翼展打开时，它超过了 7 英尺，包括四台 P200 发动机在内重量达到了 120 磅。如果同时点火启动，在油门最大时能够维持 10 分钟大约 200 磅的推力，直到最后燃油消耗干净。通常罗西在飞行时预防冷空气所穿的一套隔离服，足够保护他免被发动机排出的热气灼伤。在着陆时，他打开主降落伞，折叠起羽翼，通过它自带的救急伞完成降落。

4. 飞越海峡和大峡谷

这位瑞士飞行员在快速飞越天空时侧面看着照相机的照片很快就登上了世界上的一些主流报纸和杂志。2008 年，罗西沿着路易·布雷里奥横越英吉利海峡的线路，在比阿尔卑斯山还要高的高度，以最高每小时 189 英里的速度飞行。

第二年，这位当代伊卡洛斯打算横越直布罗陀海峡，他希望自己能够成为使用喷气装备在两个大陆之间完成飞行的第一人。当从摩洛哥丹吉尔上空 6 500 英尺的一架轻型飞机上跳下时，一切进行得都很顺利，接着他就朝西班牙的亚特兰特拉方向飞去。但是在飞到中途时，罗西遭遇了强风和密云，这使他不得不迫降到大海上。此时，他离西班牙海岸只有 3 英里了。幸运的是，他的后援直升机在 10 分钟后就赶过来救起了他，并把他送到了附近的一家医院。后来，他在这家医院里得到了康复治疗。尽管在触碰到海面的那一刻，他的那套喷气装备的漂浮装置就已经展开了，但是西班牙海岸警备队还是没能找到它。

在最后的两年中，罗西的飞行特技变得越来越极端。2010 年 11 月，他从 7 900 英尺高空的一个热气球上跳了下来，在空中翻了两个垂直筋斗，然后在空中总共保持飞行了 18 分钟。6 个月后，在美国联邦航空局同意把他的喷气翼系统归类为一种飞行器，并且免除 25 小时至 40 小时的常规飞行测试后，他成功飞越了亚利桑那州的大峡谷。他在高出大峡谷边缘 200 英尺的空中翱翔，飞行速度达到了每小时 190 英里。之后，他打开了降落伞并在谷底安全地着陆。

图 39 罗西正在飞越大峡谷

罗西接下来是否要再次挑战这所有的成绩和展示惊人的特技呢?

2011 年 11 月 26 日，当他与来自沃多乔迪航空公司百年灵飞行表演队驾驶的 L－39C 飞机一起编队飞行时，答案就浮出了水面。在征得同意后，他将动力翼的推力发挥到了极致，而这对于 L－39C 来说几乎快接近失速。但是出现了令人惊愕的场面，他以令人难以想象的操控，用自己的身体做了一组精彩的运动表演，罗西对空中飞行装备的操作技能已经达到了炉火纯青的地步。事实上，这种系统在飞行中反应性极强，飞行员的头、胳膊和大腿的任何一个动作都必须微小谨慎，否则的话就会失去控制。

图 40　罗西与来自百年灵飞行表演队的两架喷气飞机正在进行编队飞行

这套喷气翼给军方留下了深刻的印象，他们要求对它进行复制生产，但是罗西却坚持他的发明只能用于体育运动和娱乐表演。不过，这种成本累计达到 25 万美元的喷气翼设备，也不太可能成为众多狂热者能够追求的目标。

第十四章　英雄陨落

那个面容瘦削、长着一对门把手一般的八字胡、身材又高又胖，正乘坐电梯前往86层的家伙，样子看起来有一点怪怪的。但是在这样的一座大都市里，你总能看到各种各样、形形色色的人。接下来他做的一件事，甚至对于纽约这座城市来说也是非常出格的。他在走向帝国大厦的观景平台时，一边撕去假胡须，一边脱去外套。这时，在他那臃肿的衣服里面，一个降落伞包暴露了出来。接着，他翻过了安全护栏，想从1 050英尺高的稀薄空气中纵身跳下去。就在这关键时刻，两名安全守卫人员通过围栏扶手抓住了他。他被逮捕了，并以“漠视生命的邪恶行径和危险的鲁莽行为”被起诉。对于起诉中的最后一部分，他认为有一点不太公平。毕竟，他只是想去计算一下，当交通灯变成红色时，他降落在第五大道的精准时间而已。

时间是2006年4月27日，在被拘留在纽约最著名的大厦之前，杰博·克里斯（Jeb Corliss）这个年仅29岁的人已经小有名气了。在BASE翼装跳伞圈里，他的一些事迹早就成了传说，他也曾以主持过探索发现频道的系列节目《特技成瘾》（*Stunt Funkies*）而为广大观众所熟知。在被纽约警察局逮捕之后，探索发现频道立刻解除了与他的商业合作。但是在公众宣传上，在帝国大厦上被阻止跳下来这件事，给这位年轻的冒险家带来了极大的负面影响。每家电视台和电台的聊天节目都想邀请他去讲述他的这个故事，而他的照片也被印在了《时代》周刊的封面上。

有时候，发生在你身上的坏事可能会成为最好的宣传。克里斯在他的谈话中总是围绕着“我怎么怎么”的话题，他陶醉于把自己描述成非正统派的主角。事实上，穿着那件全黑的翼服，摆着那副司空见惯的严厉的表情，他浑身上下都散发着一些美国喜剧书中描述的黑色超级英雄的味道。在 2009 年初他被宣判之前，曼哈顿的一位州法官就对他的“缓刑三年并加上一百小时的社区服务”的判决表示不赞同。他认为克里斯“经验足够丰富，也能足够小心地从大厦上面跳下来，这不会威胁到他自己和其他任何人的生命”。

1. 开始蝙蝠侠的生涯

从一定意义上来说，克里斯命里几乎注定将会是那种不同寻常的人。他的父母经营一些外国手工艺品，因此他们就经常带着三个孩子漫游世界，去寻找一些晦涩难懂的物品，便于在他们的圣达菲工艺品店兜售。而年轻的杰博则十分关心他自己的事。在他 5 岁暂时生活在尼泊尔期间，他会常常一个人溜进当地的佛教寺院，并跟一些和尚在一起闲逛。

在他 8 岁的时候，他的父母离婚了。自那以后，克里斯就开始与母亲和妹妹们生活在一起。在他快上七年级时，他失学了。他开始认为，学校就是一个邪恶的地方，那是仅仅用来打架的一个地方。年少的他变得愤怒、叛逆和消沉。对他来说，所有的一切已经开始往可怕的、错误的方向发展。幸运的是，他发现了空中跳伞，这为他摆脱挫折开了一道门缝。但即使这样，已经 18 岁的他也知道需要去做更多的事，而不仅仅是空中跳伞。1994 年，BASE 翼装跳伞运动还是一项相

图 41　从天线杆塔上跳伞是 BASE 跳伞运动项目之一

对新的运动，这激发了他体内的肾上腺素，而他则需要更多的肾上腺素在体内涌动。在那个黑暗的精神境界时期，没有什么能让他感到害怕。仅仅经过几周的训练后，他就想从一座天线杆塔上跳下来。这是BASE中的一个项目。这可能是他最艰难的选择之一。这项运动的老师甚至连他的母亲都不能说服他放弃这项运动。

为了这次跳伞，在加利福尼亚州凡吐拉市卡马里奥附近，克里斯选择了一座300英尺高的天线杆塔。对于一名初学者来说，这座塔的高度是相当低的，甚至对于一名老手来说，在这么短的距离内，也仅仅能抓住机会打开伞并及时安全着陆而已。一天夜里，这个愣头愣脑的年轻人驾车来到了发射塔。他翻过了环绕发射塔的铁丝网，然后顺着楼梯向塔顶爬去。在往上爬的过程中，他心里一直想着自己不可能完成这次行动。当他爬到塔顶的时候，他环顾了一下四周，然后就毅然地跳了下去。

一切似乎进行得很顺利。克里斯觉得自己跳了一下后就开始下坠，与此同时他拉了一下绳索，打开了降落伞。什么也没有发生。他飞身闪过了标识发射塔高度一半的红色指示灯，快速地冲向地面。最后，随着“砰”的一声，他的降落伞打开了。几秒钟后，他背部撞击到了地面，他因紧张而喘不过气来。但出乎意料的是，他竟然没有受伤。

2. 致命的行当

可能人们都会认为，只有那些疯狂到极点的人才会在第一次尝试时就敢跳下去，而这次让大多数人望而却步的BASE跳伞运动的经历恰恰激励了克里斯。5年后，克里斯对这项运动有了更多的领悟，他开始说服一个叫《真人秀》的节目的制片人，录制他从南非夸祖鲁-纳塔尔省310英尺高的豪维克瀑布上跳跃的过程。在跳下降落到一半时，他偏离了航向。降落伞在湍急的气流中翻滚，并快速地往下坠落，最后他被摔在了瀑布下方的岩石上。在瀑布谷底，水里的各种动物正虎视眈眈地盯着他。他勉强地幸存了下来，但是他的颈椎却被摔裂了。虽然他在医院里住了一个月，但是他的意志并没有消沉。而他那壮观的一跳和致命一摔的影像却广为传播。这时，他发现了一个新的有利可图的商业机会，这不但是为了他自己，也是为了 BASE 翼装跳伞爱好者，他想把他特技表演的影像权销售给世界上的一些纪录片制片人和极限运动秀栏目。

作为一名翼装飞行者，克里斯以机敏和特技在国际上赢得了殊荣。他那套定制化的翼装不但轻巧，而且从他的胳膊下面到躯干以及两腿之间都是由防破裂的尼龙缎面裁剪而成的。翼装前缘的进气口能够让空气进入充气，并在飞行过程中承受压力。下降 1 英尺而向前飞行 3 英尺的下滑率是可能实现的，但是克里斯的下滑率却经常是 1∶1，以 45 度角下降，这样让他能快速拉起上升并改变迎角。

但是不管一个人的技能水平怎样，那些依靠瞬间反应来避免灾难的运动都难以避免悲剧的发生。2003 年，克里斯和自己的一个亲密朋友，也是他运动生涯中最好的朋友之一，来自澳大利亚颇受欢迎的 BASE 翼装跳伞者德韦恩·韦斯顿（Dwain Weston）想尝试一项组合跳跃。他们打算从科罗拉多 1 053 英尺高的皇家峡谷大桥上空的一架飞机上跳下来，这座桥是世界上最高的悬索桥。原先的想法是克里斯穿翼装，而韦斯顿带降落伞。但是在最后时刻，韦斯顿决定穿翼装，克里斯从桥下飞过，韦斯顿则在他的上面向相反的方向飞去。

韦斯顿一开始就猛地扑了下去，他想避开几码远的栏杆，在那儿有上百号观众正注视着他。但是峡谷又陡又窄，周围的风向变幻莫测。这位 30 岁的澳大利亚人稍微错判了一点距离和高度，以每小时约 100 英里的速度猛地撞在了栏杆上，身体被撞碎成两半。当克里斯从另一

图 42　斯蒂芬·戴维斯（Steph Davis）穿着翼装表演 BASE 跳伞

个方向飞过来的时候，他的第一个念头是人们正在桥上向下抛撒着什么。但是，紧接着他就惊恐地意识到那些正在下坠的东西是什么了。当他着陆的时候，他浑身上下都沾满了朋友的血。

在 BASE 翼装跳伞者这个亲密的圈子里，极度的欢快和极度的痛苦时不时会发生。一些为当下而活着的参与者承认，即使有最好的准备和最好的装备，他们也有可能在下一次跳下时轻易地死去。克里斯就公开说过，如果他继续从事这项运动，那么最后他也会面对死亡。

但是对一些被诊断患有反恐怖症（面对恐怖的病态心理）的人来说，这可能并不令人惊奇，他继续在世界一些著名的标志性建筑上完成精彩的一跳。这些建筑包括金门大桥、马来西亚的双子塔、西雅图的太空针和拉斯维加斯的云霄赌场酒店。在一次跳跃中，为了躲避安全人员的怀疑，他把降落伞藏在了一个又大又软的玩具里面。2011 年，他完成了自己最惊心动魄的一跳。他从 6 000 英尺高的一架直升机上跳了下来，快速地穿过了中国湖北省天门山上的一座 100 英尺宽的天然石拱门，最后用降落伞在一座桥附近安全着陆。

3. 最伟大的挑战

2009 年，有一位穿着翼装的 BASE 跳伞者在俄罗斯境内表演时撞在了山腰上。但是在此之前，别的高空跳伞者或者翼装跳伞者从未出现过像他那样的几乎是疏忽性的操作。他打开降落伞的时间太晚了，几乎以自由落体的极限速度撞击到了山腰上。这座山地势十分陡峭，上面又覆盖着雪。在恢复平稳飞行姿态之前，这位跳伞者已经历了长时间的跌滚，造成了多处骨折。这是最近发生的高空跳伞者或者翼装飞行者从极限落体速度逐渐减速，并在没有降落伞帮助的情况下安全落地的事件。

的确，应该有各种各样的叫喷气背包或者火箭背包的装备，就像詹姆斯·邦德主演的电影《雷霆万钧》（*Thunderball*）中使用的那些有名的能够垂直起飞和降落的装备一样。但是这些都没有任何升力面，不可能通过翼翅来完成滑翔或者其他的运动。仅仅依靠身上穿戴的翼装来安全落地的挑战，目前尚无法实现。

克里斯的目标就是要成为这样的第一人。但是他为此项计划所需要的装备不可能便宜。他希望一些赞助商能拿出约 300 万美元去临时搭建一条 2 000 英尺长的着陆坡道，这条坡道要从拉斯维加斯这座炫彩的城市中的一座建筑顶部一直延伸到街面上。他设想这条坡道是由一些可伸缩的布料搭成的，布料表面很结实，并由缆绳结构支撑着。

克里斯打算从这条著名的坡道上空悬停在几千英尺高的一架直升机上跳下来，他还想在这条着陆坡道的顶部架设一个小型的着陆指示窗。对准着陆指示窗的飞行是十分关键的，因为如果他撞击到坡道上的错误位置或者以错误的角度撞击的话，那他就可能如同撞击在一堵石头墙上，或者就像从山崖上往大海里跳却以胸腹部撞击水面一样。

如果所有的计划都能够实施的话，那么克里斯希望自己就像跳台滑雪者一样，以他倾斜的身体角度切合坡道的角度而顺利地接触到地面。唯一的差别可能就是他会以每小时 100 英里的速度接触地面，这比跳台滑雪者每小时 40 英里的速度要快得多，并且他不会用自己的双脚落地，而是用他的胸部落地。这条坡道的布料应能吸收一些冲击力和摩擦力，但是它还不能弹性太大，否则的话克里斯将会被弹出去。为了能够毫无伤害地幸存下来，克里斯还不得不以 45 度角落在着陆坡道上，因此他的飞行倾斜角度就不能超过 50 度。

寻找赞助商比克里斯想象得要艰难。许多公司似乎对资助这项看似轰轰烈烈却可能以灾难收尾的冒险活动缺乏热情。最后克里斯的梦想不是因缺乏支持而结束，而是被一个不为人知的英国特技演员加里·康纳利（Gary Connery）终结了。2012 年 5 月 23 日，康纳利成为世界上第一个不借助降落伞而幸存下来的人。他从牛津郡乡村 2 400 英尺的上空的一架直升机上跳了下来，身穿翼装的康纳利快速地下降，最后在一个由硬纸板箱搭建的 350 英尺长、45 英尺宽的简易降落带上安全落地。

图 43　荷兰的一名翼装飞行者

克里斯需要的似乎越来越多，他要从南非开普敦郊外的塔布尔山上完成 BASE 跳跃。在此事发生之前的几个月，克里斯就收到过关于他这项职业危险性的严重提醒。大概离山谷还有 200 英尺的时候，刮起了一阵旋风——或者可能是出现了一点误判，克里斯被迫在山间紧挨着岩石下降。在他不断翻滚并打开降落伞进行艰难和痛苦的着陆之前，他的双脚先是撞击在了岩石上，造成他的双膝、三根脚趾和一根腓骨折断，左膝前部的十字形韧带被撕裂，右胫部前面还有一个又大又深、特别难看的伤口。在被红十字空中救援服务队空运到医院之后，他躺在医院的床上发了一条短信："我现在的感觉比以往所有的时候都要好。"

仅仅6个月之后，克里斯又回到了天空，开始为新的挑战而训练。长期以来，他表示对于自己的幸存预期不是非常乐观。近期，他在Facebook上推送了一条信息："我的死亡应当是残暴的，也是残忍的，周围到处是血迹……"

图片索引

wood)，霍华德·休斯与他的那架新的波音军用飞机（波音 100A）合影

图 15. 1946 年，休斯 XF-11 的第一架原型机

图 16. H-4 大力神，以“云杉鹅”著称

图 17. 约翰·斯塔普坐在穆拉克空军基地的维兹实验雪橇上

图 18. 上图：斯塔普在“音速旋风 1 号”上正在为他的创纪录尝试做准备

下图：“音速旋风 1 号”冲进了水槽，在仅仅超过 1 秒钟的时间内，雪橇从每小时 632 英里减速到静止状态

图 19. 坐在高速行驶的“音速旋风 1 号”上，斯塔普的脸呈现出不同的表情

图 20. 贝尔飞机制造公司的 X-1 飞机喷焰有着清晰可见的冲击波图案

图 21. 查克·耶格尔站在贝尔 X-1 飞机旁，他以妻子的名字将它称为“迷人的格伦妮丝”

图 22. 尼尔·阿姆斯特朗与 X-15 飞机

图 23. 牛仔打扮的约瑟夫·沃克正离开他的 X-1A 飞机

图 24. 在驾驶 X-15♯2 飞行之后，沃克与飞机合影

图 25. 约瑟夫·基廷格从 102 800 英尺（31 300 米）的高度跳下，完成了创纪录的空中跳伞

图 26. 在约瑟夫·基廷格完成破纪录的跳伞落地后，救助人员及时赶了过来

图 27. 约翰逊维尔人体离心机

图 28. “水星计划”的 7 位宇航员和阿特拉斯模型火箭

图 29. 艾伦·谢泼德在进行训练前坐在约翰逊维尔离心机的步

延伸阅读

Abrams, Michael. Birdmen, Batmen, and Skyflyers: Wingsuits and the Pioneers Who Flew in Them, Fell in Them, and Perfected Them. New York: Three Rivers Press, 2007.

Branson, Richard. Reach for the Skies: Ballooning, Birdmen and Blasting into Space. London: Virgin Books, 2011.

Brown, Eric. Wings of the Weird and Wonderful. Crowborough, East Sussex: Hikoki Publications, 2010.

Brown, Peter and Broeske, Pat H. Howard Hughes—The Untold Story. New York: Dutton, 2004.

Burgess, Colin. Selecting the Mercury Seven: The Search for America's First Astronauts. Berlin: Springer-Praxis, 2011.

Caidin, Martin. Barnstorming. New York: Bantam Books, 1991.

Chambers, M. J. and Chambers, Randall. Getting Off the Planet: Training Astronauts. Burlington, Ontario: Apogee Books, 2005.

Cleveland, Carl M. "Upside-Down" Pangborn: King of the Barnstormers. Glendale, Cal.: Aviation Book Company, 1978.

Crouch, Tom D. Wings: A History of Aviation from Kites to the Space Age. New York: W. W. Norton & Co., 2004.

Dedijer, Jevto. Base 66: A Story of Fear, Fun, and Freefall.

Bloomington, Ind. : iUniverse, 2004.

Dee, Richard. The Man Who Discovered Flight: George Cayley and the First Airplane. Toronto: McClelland & Stewart, 2007.

Dwiggins, Don. The Barnstormers: Flying Daredevils of the Roaring Twenties. New York: Grosset and Dunlap, 1968.

Fossett, Steve. Chasing the Wind: The Autobiography of Steve Fossett. London: Virgin Books, 2006.

Goodrum, Alistair. Balloons, Blériots and Barnstormers: 200 Years of Flying for Fun. Stroud, Glos. , UK: The History Press, 2009.

Graham, Richard H. SR - 71 Blackbird: Stories, Tales and Legends. Minneapolis, Minn. : Motorbooks International, 2002.

Grant, Reg. Flight. London: Dorling Kindersley, 2010.

Gwynn-Jones, Terry. Farther and Faster: Aviation's Adventuring Years, 1909 - 1939. Washington, DC: Smithsonian Institution Press, 1991.

Harding, John. Flying's Strangest Moments: Extraordinary But True Stories from Over 1000 Years of Aviation History. London: Robson Books, 2006.

Jenkins, Dennis R. and Landis, Tony R. Hypersonic: The Story of the North American X - 15. North Branch, Minn. : Specialty Press, 2008.

Kittinger, Joe W. and Ryan, Craig. Come Up and Get Me: An Autobiography of Colonel Joseph Kittinger. Albuquerque, NM: University of New Mexico Press, 2010.

Mitchell, Charles R. and House, Kirk W. Flying High: Pioneer Women in American Aviation. Stroud, Glos.: The History Press, 2002.

Nevin, David. The Pathfinders. Alexandria, Va.: Time-Life Books, 1980.

Franks, Norman L. R. Sopwith Triplane Aces of World War I. Oxford: Osprey Publishing, 2004.

O'Neil, Paul. Barnstormers and Speed Kings. Alexandria, Va.: Time-Life Books, 1981.

Pisano, Dominick; van der Linden, Robert, and Winter, Frank H. Chuck Yeager and the Bell X-1: Breaking the Sound Barrier. Harry N. Abrams, Inc. 2006.

Rich, Ben R. Skunk Works. London: Sphere, 1995.

Roseberry, Cecil R. The Challenging Skies: The Colorful Story of Aviation's Most Exciting Years, 1919-1939. Garden City, New York: Doubleday, 1966.

Ryan, Craig. The Pre-Astronauts: Manned Ballooning on the Threshold of Space. Annapolis, MD: Naval Institute Press, 2003.

Schiff, Barry. Dream Aircraft: The Most Fascinating Airplanes I've Ever Flown. Newcastle, WA: Aviation Supplies & Academics, 2007.

Thompson, Milton O. At the Edge of Space: The X-15 Flight Program. Washington, DC: Smithsonian Books, 2003.

Wolfe, Tom. The Right Stuff. New York: Vintage, 2005.

Yeager, Chuck. Yeager. New York: Bantam, 1990.

Mayday! A History of Flight through its Martyrs, Oddballs and Daredevils
by David Darling
A Oneworld Book
Originally published as *The Rocket Man* by Oneworld Publications, 2013.

图书在版编目（CIP）数据

紧急呼救！：疯狂的飞行冒险史 /（英）戴维·达林著；王双武译．—北京：中国人民大学出版社，2018.6

（明德书系·趣味文明史）

书名原文：Mayday! A History of Flight through its Martyrs，Oddballs and Daredevils

ISBN 978-7-300-25783-9

Ⅰ.①紧…　Ⅱ.①戴…②王…　Ⅲ.①航空-技术史-世界-通俗读物②航天-技术史-世界-通俗读物　Ⅳ.①V2-091②V4-091

中国版本图书馆 CIP 数据核字（2018）第 098311 号

明德书系·趣味文明史

紧急呼救！

疯狂的飞行冒险史

［英］戴维·达林（David Darling）　著

王双武　译

Jinji Hujiu!

出版发行	中国人民大学出版社		
社　　址	北京中关村大街 31 号	**邮政编码**	100080
电　　话	010－62511242（总编室）		010－62511770（质管部）
	010－82501766（邮购部）		010－62514148（门市部）
	010－62515195（发行公司）		010－62515275（盗版举报）
网　　址	http：//www. crup. com. cn		
	http：//www. ttrnet. com（人大教研网）		
经　　销	新华书店		
印　　刷	涿州市星河印刷有限公司		
规　　格	148mm×210mm　32 开本	**版　　次**	2018 年 6 月第 1 版
印　　张	6 插页 3	**印　　次**	2018 年 6 月第 1 次印刷
字　　数	140 000	**定　　价**	42.00 元